D.O.

Anwendung programmierbarer Taschenrechner

Band 1	Angewandte Mathematik – Finanzmathematik – Statistik – Informatik für UPN-Rechner, von H. Alt
Band 2	Allgemeine Elektrotechnik – Nachrichtentechnik – Impulstechnik für UPN-Rechner, von H. Alt
Band 3/I	Mathematische Routinen der Physik, Chemie und Technik für AOS-Rechner Teil I, von P. Kahlig
Band 3/II	Mathematische Routinen der Physik, Chemie und Technik für AOS-Rechner Teil II, von P. Kahlig
Band 4	Statik – Kinematik – Kinetik für AOS-Rechner, von H. Nahrstedt
Band 5	Numerische Mathematik, Programme für den TI-59, von J. Kahmann
Band 6	Elektrische Energietechnik – Steuerungstechnik – Elektrizitätswirtschaft für UPN-Rechner, von H. Alt
Band 7	Festigkeitslehre für AOS-Rechner (TI-59), von H. Nahrstedt
Band 8	Graphische Darstellung mit dem Taschenrechner (AOS), von P. Kahlig
Band 9	Maschinenelemente für AOS-Rechner, Teil I: Grundlagen, Verbindungselemente, Rotationselemente, von H. Nahrstedt
Band 10	Getriebetechnik – Kinematik für AOS- und UPN-Rechner (TI-59 und HP-97), von K. Hain
Band 11	Indirektes Programmieren und Programmorganisation, von A. Tölke
Band 12	Algorithmen der Netzwerkanalyse für programmierbare Taschenrechner (HP-41 C), von D. Lange
Band 13	Getriebetechnik – Dynamik für AOS- und UPN-Rechner (TI-59 und HP-97), von H. Kerle
Band 14	Graphische Darstellung mit dem Taschencomputer PC-1211 (SHARP), von P. Kahlig
Band 15	Numerische Methoden bei Integralen und gewöhnlichen Differentialgleichungen für programmierbare Taschenrechner (AOS), von H. H. Gloistehn
Band 16	Elliptische Integrale für TI-58/59, Mathematische Routinen der Physik, Chemie und Technik, Teil III, von P. Kahlig
Band 17	Theta-Funktionen und elliptische Funktionen für TI-59, Mathematische Routinen der Physik, Chemie und Technik, Teil IV, von P. Kahlig
Band 18	Standardprogramme der Netzwerkanalyse für BASIC-Taschencomputer (CASIO), von D. Lange
Band 19	Statistik für programmierbare Taschenrechner (AOS), von J. Bruhn
Band 20	Maschinenelemente für AOS-Rechner, Teil II: Antriebselemente und Elemente der Stoffübertragung, von H. Nahrstedt
Band 21	Statistik für programmierbare Taschenrechner (UPN), von J. Bruhn
Band 22	Der HP-41 C in Handwerk und Industrie, von K. Kraus

Anwendung programmierbarer Taschenrechner

Band 17

Peter Kahlig

Theta-Funktionen und elliptische Funktionen für TI-59

Mathematische Routinen der Physik, Chemie und Technik
Teil IV

Mit 5 Programmen (für 27 Funktionen), 80 Beispielen, 50 Abbildungen, 30 Tabellen und einem Verzeichnis von F.M.R.-Nummern

Geleitwort von E. Hlawka

Springer Fachmedien Wiesbaden GmbH

CIP-Kurztitelaufnahme der Deutschen Bibliothek

Kahlig, Peter:
Mathematische Routinen der Physik, Chemie und Technik/Peter Kahlig.
(Anwendung programmierbarer Taschenrechner; ...)
Bis Teil 2 u. d. T.: Kahlig, Peter: Mathematische Routinen der Physik, Chemie und Technik für AOS-Rechner

Teil 4. → Kahlig, Peter: Theta-Funktionen und elliptische Funktionen für TI-59

Kahlig, Peter:
Theta-Funktionen und elliptische Funktionen für TI-59/Peter Kahlig. Geleitw. von E. Hlawka. –
(Mathematische Routinen der Physik, Chemie und Technik; Teil 4) (Anwendung programmierbarer Taschenrechner; Bd. 17)
ISBN 978-3-528-04216-5 ISBN 978-3-663-13906-5 (eBook)
DOI 10.1007/978-3-663-13906-5
NE: 2. GT

1983

Ursprünglich erschienen bei Friedr. Vieweg & Sohn Verlagsgesellschaft mbH, Braunschweig 1983

Satz: Vieweg, Wiesbaden

ISBN 978-3-528-04216-5

Geleitwort

Die speziellen Funktionen, insbesondere die elliptischen Funktionen, hatten in Physik und Technik stets ungeheure Bedeutung und wurden in den Vorlesungen der Hochschulen im 19. und beginnenden 20. Jahrhundert entsprechend berücksichtigt. Später sind die speziellen Funktionen aus den Vorlesungen verschwunden, und es traten die strukturellen Gesichtspunkte der Mathematik in den Vordergrund.

Dies hat zu einer gewissen Entfremdung zwischen Anwendungen und theoretischer Ausbildung im Vorlesungsbetrieb geführt. Allerdings haben im angelsächsischen Sprachraum die speziellen Funktionen stets durch Bücher und Tafelwerke Berücksichtigung gefunden, entsprechend ihrer Bedeutung sowohl für Anwendungen der Mathematik wie auch für theoretische Begriffsbildungen.

Durch den Computer (bzw. seinen kleinen Bruder, den Taschenrechner) ist die Freude am numerischen Rechnen ganz bedeutend gestiegen. Wegen erhöhter Genauigkeitsansprüche in Physik und Technik kann man sich heute nicht mehr mit linearen Näherungen begnügen (berühmtes Beispiel: das Pendel); dadurch braucht auch der Ingenieur und Physiker die speziellen Funktionen, im besonderen die elliptischen Funktionen.

Es ist zu begrüßen, daß der Autor P. Kahlig, von dem schon analoge Veröffentlichungen vorliegen, einen Band über die elliptischen Funktionen und die Theta-Funktionen herausbringt, deren Bedeutung auch für die Wärmeleitung und Diffusion ja wohlbekannt ist. Genaue Funktionswerte sind somit jedem Anwender schnell und leicht zugänglich. Es ist diesem Band weite Verbreitung zu wünschen.

Univ. Prof. Dr. Dr. h.c. Edmund Hlawka, Institut für Analysis, Technische Mathematik und Versicherungsmathematik der Technischen Universität sowie Institut für Mathematik der Universität Wien. Wirkl. Mitglied der Österr. Akademie der Wissenschaften, Mitglied der Deutschen Akademie der Naturforscher, korrespond. Mitglied der Rheinisch-Westfälischen Akademie und der Bayr. Akademie der Wissenschaften. Direktor des Instituts für Informationsverarbeitung der Österr. Akademie der Wissenschaften.

Vorwort

Dieses Buch ist als Soforthilfe für die Praxis bestimmt: Oft benötigte spezielle Funktionen der Physik, Chemie und Technik stehen auf Knopfdruck bereit. Die *ständige Verfügbarkeit* von Taschenrechnern ist dabei ein gewisser Vorteil gegenüber Tabellenwerken oder Großrechnern. Auch leisten Taschenrechner gute Dienste bei Test und Auswahl von ökonomischen Algorithmen für Großrechner. – Die Idee zu diesem Buch geht auf Anregungen von Studenten der Naturwissenschaften an der Universität Wien zurück.

Durch Verwendung von unkonventionellen Hierarchie-Befehlen werden möglichst wenig Datenregister verbraucht. Zur Verminderung der Programmlaufzeit wird durchgehend absolute Adressierung angewandt. Auf Modul-Programme wird nicht zugegriffen; daher sind die Programme dieses Buchs *parallel zu jedem beliebigen Modul* verwendbar. Für mathematische Grundlagen sind zahlreiche Literaturstellen angegeben. Für Rechner-Details wird auf Handbuch und einführende Literatur verwiesen (z.B. H. H. Gloistehn: Programmieren von Taschenrechnern, Band 3, Lehr- und Übungsbuch für den TI-58 und TI-59, Vieweg, Braunschweig, 1981).

Fast alle Abbildungen und Tabellen wurden mit den Plot- und Druckroutinen aus Band 3/I erzeugt. Die von Studenten oft gestellte Utilitäts-Frage „Wofür ist das gut?" wird durch viele *praxisbezogene Anwendungsbeispiele* beantwortet.

Innovationen im vorliegenden Band 17:

(1) Taschenrechner-Routinen für theta-Funktionen von *Neville* (mit Parameter w, q oder $m = k^2$).

(2) Im Register-Teil sind *F.M.R.-Nummern* angegeben, die bekanntlich zur Kennzeichnung und Katalogisierung von speziellen Funktionen dienen.

Der vorliegende Band 17 in der Reihe „Anwendung programmierbarer Taschenrechner" behandelt u.a. folgende Funktionen: Theta-Funktionen von Jacobi, theta-Funktionen von Neville, elliptische Funktionen von Jacobi (mit Parameter w, q oder $m = k^2$). Der Anhang enthält Referenzwerte und Fehlerkurven. – Der Vorgängerband 16 behandelt u.a. vollständige und unvollständige elliptische Integrale erster und zweiter Gattung, generalisiertes vollständiges und unvollständiges elliptisches Integral zweiter Gattung, Umrechnung von Parametern.

Der Autor wünscht dem Leser Anregung und Erfolg bei der Verwendung dieses Buchs. Vorschläge für Verbesserungen und Ergänzungen werden gern entgegengenommen. Den Herren Univ. Prof. H. Reuter und Univ. Prof. K. Cehak gebührt Dank für zahlreiche Hinweise zur Meteorologie. Den Mitarbeitern des Vieweg-Verlags, im besonderen Herrn M. Langfeld, wird für die konstruktive Zusammenarbeit gedankt.

Peter Kahlig

Wien, im März 1982

Inhaltsverzeichnis

Inhaltsübersicht zu Band 16 und 17

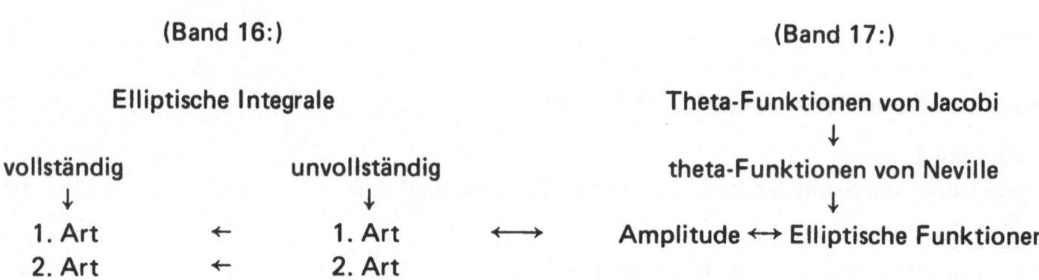

Die Übersicht zeigt, daß man drei Wege durch das Stoffgebiet wählen kann:

(1) Man nimmt als Ausgangspunkt die elliptischen Integrale *(Legendre)* und führt dann durch Umkehrung die Amplitude und die elliptischen Funktionen ein.

(2) Man nimmt als Ausgangspunkt elliptische Funktionen und Amplitude *(Abel)* und führt dann durch Umkehrung die unvollständigen elliptischen Integrale ein (mit den vollständigen elliptischen Integralen als Spezialfall).

(3) Man nimmt als Ausgangspunkt die Theta-Funktionen *(Jacobi)*, die im wesentlichen Zähler und Nenner der elliptischen Funktionen bilden (aber bei Wärmeleitungs- und Diffusionsproblemen ein Eigenleben führen). Über elliptische Funktionen und Amplitude kommt man dann (als Umkehrung) zu den elliptischen Integralen.

Einleitung

Zu Beginn jedes Kapitels findet man

(I) eine Übersicht über die enthaltenen *Programme* als Hilfe bei der Auswahl einer passenden Routine,

(II) eine Übersicht über die behandelten *Funktionen* (in Form von Integraldarstellungen, Reihendarstellungen, Differentialgleichungen) zur raschen Identifikation einer Funktion als Lösung eines Problems,

(III) eine Auswahl von einführender und weiterführender *Literatur.*

Den Hauptteil jedes Kapitels bilden die Programmbeschreibungen (Dokumentationen). Zur leichteren Orientierung ist jede Dokumentation in sechs Abschnitte gegliedert:

(a) Algorithmus,
(b) Bedienungshinweise,
(c) Checkwerte,
(d) Datenregister,
(e) Eingabe des Programms,
(f) Funktions-Anwendungen.

Die Abschnitte (a), (c), (f) sind für beliebige Rechnertypen (auch Großrechner) brauchbar. In Abschnitt (c) sind Richtwerte für Laufzeiten angegeben; das Verhältnis der Laufzeit von zwei Routinen ist annähernd auch für andere Rechnertypen gültig. Die Beispiele in Abschnitt (f) enthalten detaillierte Angaben über die Tastenfolge zur Lösung eines Problems, wobei nur konventionelle Befehle aufscheinen (unkonventionelle Befehle wie HIR werden ausschließlich in den Funktionsroutinen eingesetzt). Wie in Programmlisten üblich, wird die Präfix-Taste [2nd] nicht angeführt. Ein Hinweis wie „Gl. (1.12)" bezieht sich auf die numerierten Gleichungen der Übersicht (II) am Kapitelanfang.

Bekanntlich hat der Rechner sechs Subroutine-(SBR-)Ebenen, neun Klammer-Ebenen und acht unvollständige Operations-Ebenen; die Anzahl der von einem Programm belegten Ebenen ist bei den „Programmkenndaten" in Abschnitt (b) angegeben.

Jede Routine wird in Grundstellung der Speicherbereichsverteilung geladen. Zum Abruf einer Funktion ist daher nur folgendes zu tun: Rechner einschalten, Magnetkarte(n) einlesen, Argumentwert eingeben, Funktionstaste drücken. Die Funktionsroutinen enthalten absichtlich keine Druckbefehle; soll gedruckt werden, ist vom Anwender nach Funktionsaufruf ein Druckbefehl anzuschließen. Alle Funktionsroutinen sind auch als Unterprogramme einsetzbar; die Befehle =, CLR und RST wurden in den Funktionsroutinen vermieden.

Bei Benutzung einer Funktionsroutine als Unterprogramm steht dem Anwender für sein Hauptprogramm (und für eine Plot- oder Druckroutine) mindestens der gesamte Block 2 zur Verfügung (Schritt 240–479). Die Programm-Koordination sieht hier so aus:

Block 1 und 3 (manchmal auch 4)	Block 2
Unterprogramm: Funktionsroutine Aufruf: A, B, ...	**Hauptprogramm:** Zusatzroutine Aufruf: E (oder SBR Label)

Die Abbildungen und Tabellen dienen zur Auflockerung und als zusätzliche Information. Bei allen Zahlenangaben ist die letzte Stelle i.a. um höchstens eine Einheit unsicher.

Mathematische Schreibweise und Bezeichnungen sind möglichst konform zu den weit verbreiteten Standardwerken "Handbook of Mathematical Functions" von Abramowitz-Stegun und „Σ Π ∫" von Ryshik-Gradstein. Zahlenangaben erfolgen in der Form $c = 5.67 \times 10^{-8}$ (was der Rechner-Anzeige und Ein-Ausgabe ähnlicher ist als $5{,}67 \cdot 10^{-8}$).

Viele mathematische Details sind vereinfacht dargestellt. Wenn nicht anders vermerkt, sind die auftretenden Variablen stets reell („x beliebig" bedeutet daher „x beliebig reell").

Abkürzungen:

f(x), 8D	Die Funktionswerte f(x) sind auf acht Dezimalstellen genau.
f(x), 7S	Die Funktionswerte f(x) sind auf sieben signifikante Ziffern genau.
f(x), 6D/S	Die Funktionswerte f(x) sind für $\lvert f(x)\rvert < 1$ auf sechs Dezimalstellen genau, für $\lvert f(x)\rvert \geqslant 1$ auf sechs signifikante Ziffern genau.
[x]	Argumentwert x eingeben, angegebene Taste drücken.
[x → f]	Argumentwert x eingeben, Funktion aufrufen (durch Tastendruck); Funktionswert f(x) wird angezeigt.
[x → START] [f] [g]	Argumentwert x eingeben, Berechnung starten; Funktionswerte f(x) und g(x) sind in beliebiger Reihenfolge und beliebig oft abrufbar.

Programmadreß-Tasten:

A'	B'	C'	D'	E'
A	B	C	D	E

1 Theta-Funktionen von Jacobi und Neville

(I) Programme in Kapitel 1 (Übersicht)

Programm	Funktion	Argument	Genauigkeit	Datenregister
1.1	$\Theta_r\ [x, w]\ (r = 1, 2, 3, 4)$ $\Theta_{02}, \Theta_{03}, \Theta_{04}\ [w]$ $K[w], m[w], q[w]$	x beliebig, $w \geqslant 0$ $w \geqslant 0$ $w \geqslant 0$	hoch	effektiv $R_{26}-R_{51}$
	$\Theta_r\ (x \mid m)\ (r = 1, 2, 3, 4)$ $\Theta_{02}, \Theta_{03}, \Theta_{04}\ (m)$ $K(m), w(m), q(m)$	x beliebig, $0 \leqslant m \leqslant 1$ $0 \leqslant m \leqslant 1$	hoch	
	$\Theta_r\ \{x, q\}\ (r = 1, 2, 3, 4)$ $\Theta_{02}, \Theta_{03}, \Theta_{04}\ \{q\}$ $K\{q\}, m\{q\}, w\{q\}$	x beliebig, $0 \leqslant q \leqslant 1$ $0 \leqslant q \leqslant 1$ $0 \leqslant q \leqslant 1$	hoch	
1.2	$\vartheta_p\ [u, w]\ (p = s, c, d, n)$ $K[w], m[w], q[w]$ sn, cn, dn $[u, w]$ am $[u, w]$	u beliebig, $w \geqslant 0$ $w \geqslant 0$ u beliebig, $w \geqslant 0$ $0 \leqslant u \leqslant 2K[w]$, $w \geqslant 0$	hoch	effektiv $R_{20}-R_{51}$
	$\vartheta_p\ \{u, q\}\ (p = s, c, d, n)$ $K\{q\}, m\{q\}, w\{q\}$ sn, cn, dn $\{u, q\}$ am $\{u, q\}$	u beliebig, $0 \leqslant q \leqslant 1$ $0 \leqslant q \leqslant 1$ u beliebig, $0 \leqslant q \leqslant 1$ $0 \leqslant u \leqslant 2K\{q\}$, $0 \leqslant q \leqslant 1$	hoch	
1.3	$\vartheta_p\ (u \mid m)\ (p = s, c, d, n)$ $K(m), w(m), q(m)$ sn, cn, dn $(u \mid m)$ am $(u \mid m)$	u beliebig, $0 \leqslant m \leqslant 1$ $0 \leqslant m \leqslant 1$ u beliebig, $0 \leqslant m \leqslant 1$ $0 \leqslant u \leqslant 2K(m)$, $0 \leqslant m \leqslant 1$	hoch	effektiv $R_{20}-R_{57}$

(II) Funktionen in Kapitel 1 (Übersicht)

Nomenklatur:

Ähnlich wie in Band 16 (Kap. 1), doch erscheint zusätzlich das Argument x:

$$\Theta_r\langle x, \gamma\rangle,\ \Theta_r\left(x, k\right],\ \Theta_r(x \mid m),\ \Theta_r[x, w],\ \Theta_r\{x, q\} \qquad (r = 1, 2, 3, 4)$$

(Θ_r eine der vier Theta-Funktionen von Jacobi). Die eindeutige Bezeichnungsweise durch Klammern ist analog zu Band 16 (Kap. 1):

$$\Theta_r\langle x, \gamma\rangle = \Theta_r\left(x, \sin\gamma\right] = \Theta_r(x \mid \sin^2\gamma) = \Theta_r[x, w\langle\gamma\rangle] = \Theta_r\{x, q\langle\gamma\rangle\},$$

beispielsweise

$$\Theta_r\langle x, \tfrac{\pi}{4}\rangle = \Theta_r\left(x, \tfrac{1}{\sqrt{2}}\right] = \Theta_r(x \mid \tfrac{1}{2}) = \Theta_r[x, 1] = \Theta_r\{x, e^{-\pi}\}.$$

Normierung der Funktionen in Bezug auf das Argument:

(1) Weierstraß-Normierung[1]: $\Theta_1, \Theta_2 \ldots$ Periode 2; $\Theta_3, \Theta_4 \ldots$ Periode 1

(2) Jacobi-Normierungen: (a) ursprünglich[2]:
(ETA-Funktionen:) $\mathrm{H}, \mathrm{H}_1 \ldots$ Periode 4K; (THETA-Funktionen:) $\Theta_1, \Theta \ldots$ Periode 2K
(b) später[3]: $\vartheta_1, \vartheta_2 \ldots$ Periode 2π; $\vartheta_3, \vartheta = \vartheta_4 = \vartheta_0 \ldots$ Periode π

Zusammenhang:

$$\mathrm{H}\left(\frac{2Kx}{\pi}\,\middle|\, m\right) = \vartheta_1(x\,|\,m) = \Theta_1(\tfrac{x}{\pi}\,|\,m)$$

$$\mathrm{H}_1\left(\frac{2Kx}{\pi}\,\middle|\, m\right) = \vartheta_2(x\,|\,m) = \Theta_2(\tfrac{x}{\pi}\,|\,m)$$

$$\Theta_1\left(\frac{2Kx}{\pi}\,\middle|\, m\right) = \vartheta_3(x\,|\,m) = \Theta_3(\tfrac{x}{\pi}\,|\,m)$$

$$\Theta\left(\frac{2Kx}{\pi}\,\middle|\, m\right) = \vartheta(x\,|\,m) = \Theta_4(\tfrac{x}{\pi}\,|\,m) \qquad [\text{mit } \vartheta = \vartheta_4 = \vartheta_0]$$

Die Schreibweise $\vartheta_r(x\,|\,m)$ geht auf *Milne*[4] zurück; sie dient zur Unterscheidung von den (früher üblichen) Bezeichnungen $\vartheta_r(x, k)$ oder $\vartheta_r(k, x)$, die in diesem Buch durch $\vartheta_r\lfloor x, k \rfloor$ ersetzt sind. Wie in Band 16 (Kap. 1) sind die folgenden Ausdrücke gleichwertig:

$$\Theta_r\langle x, \tfrac{\pi}{4}\rangle = \Theta_r\langle x, 45^\circ\rangle = \Theta_r\langle x, 50^g\rangle .$$

Bei den theta-Funktionen von Neville ist die eindeutige Bezeichnungsweise

$$\vartheta_p\langle u, \gamma\rangle,\ \vartheta_p\lfloor u, k\rfloor,\ \vartheta_p(u\,|\,m),\ \vartheta_p[u, w],\ \vartheta_p\{u, q\} \qquad (p = s, c, d, n).$$

(Zur Bedeutung von s, c, d, n vgl. Kap. 2.)

Theta-Funktionen von Jacobi mit Parameter w $\Theta_r[x, w]$ (r = 1, 2, 3, 4)

Reihendarstellung:

$$(1) \quad \Theta_1[x, w] = \sum_{n=-\infty}^{\infty} (-1)^n \exp[-(n+\tfrac{1}{2})^2 \pi w] \sin[(2n+1)\pi x] =$$

$$= 2\sum_{n=0}^{\infty} (-1)^n \exp[-(n+\tfrac{1}{2})^2 \pi w] \sin[(2n+1)\pi x] \quad (x \text{ beliebig}, w \geqslant 0) \qquad (1.1)$$

---

[1] *Erdélyi* et al. (1953), *Jahnke–Emde–Lösch* (1960), *Magnus–Oberhettinger–Soni* (1966), *Oberhettinger–Magnus* (1949), *Tölke* (1966), *Tricomi* (1951) und dieser Band

[2] *Jacobi* (1829) (§ 61: De functionibus H, Θ ...)

[3] *Jacobi* (1838). Ferner *Abramowitz–Stegun* (1968), *Bellman* (1961), *Davis* (1962), *Rainville* (1960), *Ryshik–Gradstein* (1963), *Whittaker–Watson* (1952)

[4] *Milne–Thomson, L. M.* (1968): Jacobian Elliptic Functions and Theta Functions. In: Handbook of Mathematical Functions (*Abramowitz–Stegun* eds.), Ch. 16. NBS, U.S. Govt. Printing Office, Washington, D.C.

$$\Theta_2[x,w] = \sum_{n=-\infty}^{\infty} \exp[-(n+\tfrac{1}{2})^2 \pi w] \cos[(2n+1)\pi x] =$$

$$= 2\sum_{n=0}^{\infty} \exp[-(n+\tfrac{1}{2})^2 \pi w] \cos[(2n+1)\pi x] \tag{1.2}$$

$$\Theta_3[x,w] = \sum_{n=-\infty}^{\infty} \exp(-n^2 \pi w) \cos(2n\pi x) = 1 + 2\sum_{n=1}^{\infty} \exp(-n^2 \pi w) \cos(2n\pi x) \tag{1.3}$$

$$\Theta_4[x,w] = \sum_{n=-\infty}^{\infty} (-1)^n \exp(-n^2 \pi w) \cos(2n\pi x) =$$

$$= 1 + 2\sum_{n=1}^{\infty} (-1)^n \exp(-n^2 \pi w) \cos(2n\pi x) \tag{1.4}$$

(2) $$\Theta_1[x,w] = \frac{1}{\sqrt{w}} \sum_{n=-\infty}^{\infty} (-1)^n \exp[-(x+n-\tfrac{1}{2})^2 \tfrac{\pi}{w}] =$$

$$= \frac{1}{\sqrt{w}} \exp(-x^2 \tfrac{\pi}{w}) \sum_{n=-\infty}^{\infty} (-1)^n \exp[-(n+\tfrac{1}{2})^2 \tfrac{\pi}{w}] \sinh[(2n+1)\tfrac{\pi}{w} x] =$$

$$= \frac{2}{\sqrt{w}} \exp(-x^2 \tfrac{\pi}{w}) \sum_{n=0}^{\infty} (-1)^n \exp[-(n+\tfrac{1}{2})^2 \tfrac{\pi}{w}] \sinh[(2n+1)\tfrac{\pi}{w} x] \tag{1.5}$$

$$\Theta_2[x,w] = \frac{1}{\sqrt{w}} \sum_{n=-\infty}^{\infty} (-1)^n \exp[-(x+n)^2 \tfrac{\pi}{w}] =$$

$$= \frac{1}{\sqrt{w}} \exp(-x^2 \tfrac{\pi}{w}) \sum_{n=-\infty}^{\infty} (-1)^n \exp(-n^2 \tfrac{\pi}{w}) \cosh(2n \tfrac{\pi}{w} x) =$$

$$= \frac{1}{\sqrt{w}} \exp(-x^2 \tfrac{\pi}{w}) \left[1 + 2\sum_{n=1}^{\infty} (-1)^n \exp(-n^2 \tfrac{\pi}{w}) \cosh(2n \tfrac{\pi}{w} x)\right] \tag{1.6}$$

$$\Theta_3[x,w] = \frac{1}{\sqrt{w}} \sum_{n=-\infty}^{\infty} \exp[-(x+n)^2 \tfrac{\pi}{w}] =$$

$$= \frac{1}{\sqrt{w}} \exp(-x^2 \tfrac{\pi}{w}) \sum_{n=-\infty}^{\infty} \exp(-n^2 \tfrac{\pi}{w}) \cosh(2n \tfrac{\pi}{w} x) =$$

$$= \frac{1}{\sqrt{w}} \exp(-x^2 \tfrac{\pi}{w}) \left[1 + 2\sum_{n=1}^{\infty} \exp(-n^2 \tfrac{\pi}{w}) \cosh(2n \tfrac{\pi}{w} x)\right] \tag{1.7}$$

$$\Theta_4[x,w] = \frac{1}{\sqrt{w}} \sum_{n=-\infty}^{\infty} \exp[-(x+n+\tfrac{1}{2})^2 \tfrac{\pi}{w}] =$$

$$= \frac{1}{\sqrt{w}} \exp(-x^2 \tfrac{\pi}{w}) \sum_{n=-\infty}^{\infty} \exp[-(n+\tfrac{1}{2})^2 \tfrac{\pi}{w}] \cosh[(2n+1) \tfrac{\pi}{w} x] =$$

$$= \frac{2}{\sqrt{w}} \exp(-x^2 \tfrac{\pi}{w}) \sum_{n=0}^{\infty} \exp[-(n+\tfrac{1}{2})^2 \tfrac{\pi}{w}] \cosh[(2n+1) \tfrac{\pi}{w} x] \qquad (1.8)$$

Partielle Differentialgleichung:

$$\frac{\partial f}{\partial w} = \kappa \frac{\partial^2 f}{\partial x^2}, \qquad \kappa = \text{const.};$$

partikuläre Lösungen: $f(x,w) = a\,\Theta_r[x, 4\pi\kappa w]$, $a = \text{const.}$ $(r = 1, 2, 3, 4)$ (1.9)

Theta-Null-Funktionen mit Parameter w $\Theta_{0r}[w] = \Theta_r[0,w]$ $(r = 2, 3, 4)$[1]

Reihendarstellung:

(1) $$\Theta_{02}[w] = \sum_{n=-\infty}^{\infty} \exp[-(n+\tfrac{1}{2})^2 \pi w] = 2 \sum_{n=0}^{\infty} \exp[-(n+\tfrac{1}{2})^2 \pi w] \qquad (w \geqslant 0) \qquad (1.10)$$

$$\Theta_{03}[w] = \sum_{n=-\infty}^{\infty} \exp(-n^2 \pi w) = 1 + 2 \sum_{n=1}^{\infty} \exp(-n^2 \pi w) \qquad (1.11)$$

$$\Theta_{04}[w] = \sum_{n=-\infty}^{\infty} (-1)^n \exp(-n^2 \pi w) = 1 + 2 \sum_{n=1}^{\infty} (-1)^n \exp(-n^2 \pi w) \qquad (1.12)$$

(2) $$\Theta_{02}[w] = \frac{1}{\sqrt{w}} \sum_{n=-\infty}^{\infty} (-1)^n \exp(-n^2 \tfrac{\pi}{w}) = \frac{1}{\sqrt{w}} \left[1 + 2 \sum_{n=1}^{\infty} (-1)^n \exp(-n^2 \tfrac{\pi}{w})\right] \qquad (1.13)$$

$$\Theta_{03}[w] = \frac{1}{\sqrt{w}} \sum_{n=-\infty}^{\infty} \exp(-n^2 \tfrac{\pi}{w}) = \frac{1}{\sqrt{w}} \left[1 + 2 \sum_{n=1}^{\infty} \exp(-n^2 \tfrac{\pi}{w})\right] \qquad (1.14)$$

$$\Theta_{04}[w] = \frac{1}{\sqrt{w}} \sum_{n=-\infty}^{\infty} \exp[-(n+\tfrac{1}{2})^2 \tfrac{\pi}{w}] = \frac{2}{\sqrt{w}} \sum_{n=0}^{\infty} \exp[-(n+\tfrac{1}{2})^2 \tfrac{\pi}{w}] \qquad (1.15)$$

[1] $(r = 1{:})$ $\Theta_1[0,w] \equiv 0$

Theta-Funktionen von Jacobi mit Parameter q $\Theta_r\{x, q\}$ (r = 1, 2, 3, 4)

Reihendarstellung:

$$\Theta_1\{x, q\} = \sum_{n=-\infty}^{\infty} (-1)^n q^{(n+\frac{1}{2})^2} \sin[(2n+1)\pi x] =$$

$$= 2q^{1/4} \sum_{n=0}^{\infty} (-1)^n q^{n(n+1)} \sin[(2n+1)\pi x] \qquad (x \text{ beliebig}, 0 \leqslant q \leqslant 1) \qquad (1.16)$$

$$\Theta_2\{x, q\} = \sum_{n=-\infty}^{\infty} q^{(n+\frac{1}{2})^2} \cos[(2n+1)\pi x] = 2q^{1/4} \sum_{n=0}^{\infty} q^{n(n+1)} \cos[(2n+1)\pi x] \qquad (1.17)$$

$$\Theta_3\{x, q\} = \sum_{n=-\infty}^{\infty} q^{n^2} \cos(2n\pi x) = 1 + 2\sum_{n=1}^{\infty} q^{n^2} \cos(2n\pi x) \qquad (1.18)$$

$$\Theta_4\{x, q\} = \sum_{n=-\infty}^{\infty} (-1)^n q^{n^2} \cos(2n\pi x) = 1 + 2\sum_{n=1}^{\infty} (-1)^n q^{n^2} \cos(2n\pi x) \qquad (1.19)$$

Partielle Differentialgleichung:

$$-q\,\frac{\partial f}{\partial q} = \kappa\,\frac{\partial^2 f}{\partial x^2}, \qquad \kappa = \text{const.};$$

partikuläre Lösungen: $f(x, q) = a\,\Theta_r\{x, 4\kappa q\}$, $a = \text{const.}$ (r = 1, 2, 3, 4) (1.20)

Theta-Null-Funktionen mit Parameter q $\Theta_{0r}\{q\} = \Theta_r\{0, q\}$ (r = 2, 3, 4)[1)]

Reihendarstellung:

$$\Theta_{02}\{q\} = \sum_{n=-\infty}^{\infty} q^{(n+\frac{1}{2})^2} = 2q^{1/4} \sum_{n=0}^{\infty} q^{n(n+1)} \qquad (0 \leqslant q \leqslant 1) \qquad (1.21)$$

$$\Theta_{03}\{q\} = \sum_{n=-\infty}^{\infty} q^{n^2} = 1 + 2\sum_{n=1}^{\infty} q^{n^2} \qquad (1.22)$$

$$\Theta_{04}\{q\} = \sum_{n=-\infty}^{\infty} (-1)^n q^{n^2} = 1 + 2\sum_{n=1}^{\infty} (-1)^n q^{n^2} \qquad (1.23)$$

Theta-Funktionen von Jacobi mit Parameter m $\Theta_r(x|m)$ (r = 1, 2, 3, 4)

$$\Theta_r(x|m) = \Theta_r[x, w(m)] = \Theta_r\{x, q(m)\} \qquad (x \text{ beliebig}, 0 \leqslant m \leqslant 1) \qquad (1.24)$$

1) (r = 1:) $\Theta_1\{0, q\} \equiv 0$

Theta-Null-Funktionen mit Parameter m $\Theta_{0r}(m) = \Theta_r(0|m) \quad (r = 2, 3, 4)$[1]

$$\Theta_{0r}(m) = \Theta_{0r}[w(m)] = \Theta_{0r}\{q(m)\} \qquad (0 \leqslant m \leqslant 1) \tag{1.25}$$

theta-Funktionen von Neville mit Parameter w $\vartheta_p[u, w] \quad (p = s, c, d, n)$

$$\vartheta_s[u, w] = \frac{\Theta_{03}[w]}{\Theta_{04}[w]} \frac{\Theta_1[v, w]}{\Theta_{02}[w]} \quad \text{mit } v = \frac{u}{2K[w]} = \frac{u}{\pi\,\Theta_{03}^2[w]} \qquad (u \text{ beliebig, } w \geqslant 0) \tag{1.26}$$

$$\vartheta_c[u, w] = \frac{\Theta_2[v, w]}{\Theta_{02}[w]}, \quad \vartheta_d[u, w] = \frac{\Theta_3[v, w]}{\Theta_{03}[w]}, \quad \vartheta_n[u, w] = \frac{\Theta_4[v, w]}{\Theta_{04}[w]} \tag{1.27}$$

theta-Funktionen von Neville mit Parameter q $\vartheta_p\{u, q\} \quad (p = s, c, d, n)$

$$\vartheta_p\{u, q\} = \vartheta_p[u, \tfrac{1}{\pi} \ln \tfrac{1}{q}] \qquad (0 \leqslant q \leqslant 1) \tag{1.28}$$

theta-Funktionen von Neville mit Parameter m $\vartheta_p(u|m) \quad (p = s, c, d, n)$

$$\vartheta_s(u|m) = \sqrt{\frac{\pi}{2K(m)\sqrt{m(1-m)}}}\,\Theta_1(v|m) \quad \text{mit } v = \frac{u}{2K(m)} \qquad (u \text{ beliebig, } 0 \leqslant m \leqslant 1) \tag{1.29}$$

$$\vartheta_c(u|m) = \sqrt{\frac{\pi}{2K(m)\sqrt{m}}}\,\Theta_2(v|m) \tag{1.30}$$

$$\vartheta_d(u|m) = \sqrt{\frac{\pi}{2K(m)}}\,\Theta_3(v|m) \tag{1.31}$$

$$\vartheta_n(u|m) = \sqrt{\frac{\pi}{2K(m)\sqrt{1-m}}}\,\Theta_4(v|m) \tag{1.32}$$

(III) Literatur zu Kapitel 1 (Auswahl)

Abramowitz, M., and *I. A. Stegun* (1968): Handbook of Mathematical Functions. (Ch. 16: Jacobian Elliptic Functions and Theta Functions.) NBS, U.S. Govt. Printing Office, Washington, D.C.

Bellman, R. (1961): A Brief Introduction to Theta Functions. Holt, Rinehart and Winston, New York.

Davis, H. T. (1962): Introduction to Nonlinear Differential and Integral Equations. (Ch. 6: Elliptic Integrals, Elliptic Functions, and Theta Functions.) Dover, New York.

Erdélyi, A., W. Magnus, F. Oberhettinger, and *F. G. Tricomi* (1953): Higher Transcendental Functions, Vol. 2. (§ 13.19: Theta functions.) McGraw-Hill, New York.

Jacobi, C. G. J. (1829): Fundamenta Nova Theoriae Functionum Ellipticarum. Bornträger, Königsberg. (Abgedruckt in: Gesammelte Werke, Vol. I. Reimer, Berlin, 1881.)

---

1) $(r = 1{:})\ \Theta_1(0|m) \equiv 0$

Jacobi, C. G. J. (1838): Theorie der elliptischen Funktionen, aus den Eigenschaften der Thetareihen abgeleitet. Gesammelte Werke, Vol. I. Reimer, Berlin, 1881. (Nachdruck: Ostwald's Klassiker der exakten Wissenschaften, Nr. 224. Akademische Verlagsgesellschaft, Leipzig, 1927.)

Jahnke, E., F. Emde und *F. Lösch* (1960): Tafeln höherer Funktionen. (Kap. VI, C: Die Thetafunktionen.) Teubner, Stuttgart.

Magnus, W., F. Oberhettinger, and *R. P. Soni* (1966): Formulas and Theorems for the Special Functions of Mathematical Physics. (§ 10.2: The theta functions.) Springer, Berlin.

Neville, E. H. (1951): Jacobian Elliptic Functions. (Ch. XVI: Theta functions.) Clarendon Press, Oxford.

Oberhettinger, F., und *W. Magnus* (1949): Anwendung der elliptischen Funktionen in Physik und Technik. (§ 13: Die Thetafunktionen.) Springer, Berlin.

Rainville, E. D. (1960): Special Functions. (Ch. 20: Theta Functions.) Macmillan, New York.

Ryshik, I. M., und *I. S. Gradstein* (1963): Summen-, Produkt- und Integral-Tafeln. (§ 6.18: Die Thetafunktionen.) Deutscher Verlag der Wissenschaften, Berlin. (Übersetzung aus dem Russischen.)

Tölke, F. (1966): Praktische Funktionenlehre, Band II. (Kap. 1: Theta-Funktionen.) Springer, Berlin.

Tricomi, F. (1951): Funzioni ellittiche. (Cap. III §§ 4–6.) Zanichelli, Bologna. – Deutsche Übersetzung: Elliptische Funktionen. Akademische Verlagsgesellschaft, Leipzig, 1948.

Whittaker, E. T., and *G. N. Watson* (1952): A Course of Modern Analysis. (Ch. XXI: The Theta Functions.) University Press, Cambridge.

Programm 1.1: Theta-Funktionen von Jacobi [nach Reihen-Entwicklung]

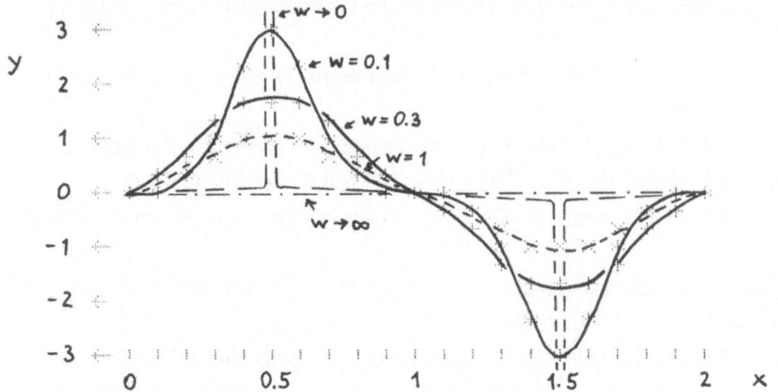

Bild 1.1-1 Erste Theta-Funktion von Jacobi (mit Parameter w)
$y = \Theta_1[x, w]$, $0 \leqslant x \leqslant 2$, $w = 0,\ 0.1, 0.3, 1, \infty$

(a) Algorithmus

(I) Theta-Funktionen von Jacobi mit Parameter w

Wegen der Periodizität der Theta-Funktionen bezüglich des Arguments x läßt sich zur Erhöhung der Rechengenauigkeit ein reduziertes Argument x_{Red} bzw. x_{red} verwenden:

(Periode 2:) $\Theta_{1,2}[x, w] = \Theta_{1,2}[x_{Red}, w]$ mit $x_{Red} = 2\,\mathrm{frac}\,(x/2)$, $-2 < x_{Red} < 2$
[Zur Schreibweise 1, 2: der Index ist entweder 1 oder 2.]

(Periode 1:) $\Theta_{3,4}[x, w] = \Theta_{3,4}[x_{red}, w]$ mit $x_{red} = \mathrm{frac}\,(x)$, $-1 < x_{red} < 1$

(1) $\Theta_3[x, w]$, $\Theta_2[x, w]$:
Für kleine Werte des Parameters w sind die Exponentialreihen Gl. (1.7) und (1.6) zweckmäßig:

$$0 < w \leqslant 1: \quad \Theta_3[x, w] = \frac{1}{\sqrt{w}} \exp\left(-x_{red}^2 \frac{\pi}{w}\right) +$$

$$+ \frac{1}{\sqrt{w}} \sum_{n=1}^{N} \left\{\exp\left[-(x_{red} - n)^2 \frac{\pi}{w}\right] + \exp\left[-(x_{red} + n)^2 \frac{\pi}{w}\right]\right\} + \epsilon_3[x, w]$$

$$\text{mit } \epsilon_3[x, w] = \frac{1}{\sqrt{w}} \sum_{n=N+1}^{\infty} \{\exp \ldots + \exp \ldots\}$$

$$\Theta_2[x, w] = \frac{1}{\sqrt{w}} \exp\left(-x_{Red}^2 \frac{\pi}{w}\right) +$$

$$+ \frac{1}{\sqrt{w}} \sum_{n=1}^{N} (-1)^n \left\{\exp\left[-(x_{Red} - n)^2 \frac{\pi}{w}\right] + \exp\left[-(x_{Red} + n)^2 \frac{\pi}{w}\right]\right\} + \epsilon_2[x, w]$$

$$\text{mit } \epsilon_2[x, w] = \frac{1}{\sqrt{w}} \sum_{n=N+1}^{\infty} (-1)^n \{\exp \ldots + \exp \ldots\}$$

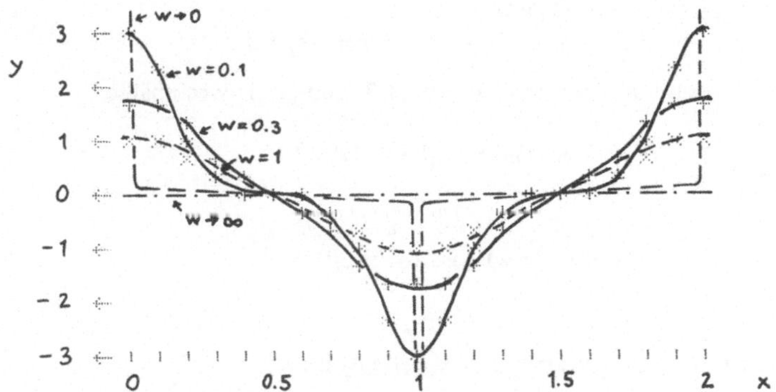

Bild 1.1-2 Zweite Theta-Funktion von Jacobi (mit Parameter w)
$y = \Theta_2\,[x, w],\ 0 \leqslant x \leqslant 2,\ w = 0,\ 0.1,\ 0.3,\ 1,\ \infty$

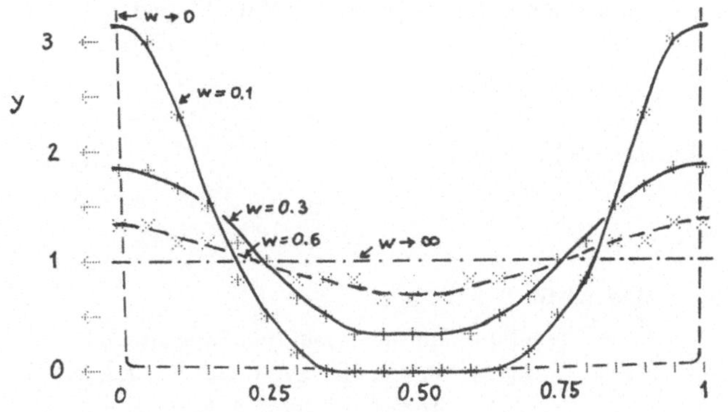

Bild 1.1-3 Dritte Theta-Funktion von Jacobi (mit Parameter w)
$y = \Theta_3\,[x, w],\ 0 \leqslant x \leqslant 1,\ w = 0,\ 0.1,\ 0.3,\ 0.6,\ \infty$

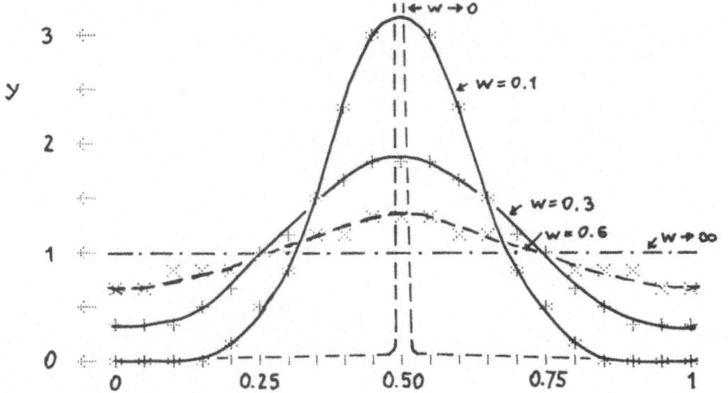

Bild 1.1-4 Vierte Theta-Funktion von Jacobi (mit Parameter w)
$y = \Theta_4\,[x, w],\ 0 \leqslant x \leqslant 1,\ w = 0,\ 0.1,\ 0.3,\ 0.6,\ \infty$

Sonderfall w = 0: $x_{red} = 0$: $\Theta_3 = \infty$; sonst: $\Theta_3 = 0$
$x_{Red} = 0$: $\Theta_2 = \infty$; $x_{Red} = \pm 1$: $\Theta_2 = -\infty$; sonst: $\Theta_2 = 0$

Für große Werte des Parameters w sind die Fourierreihen Gl. (1.3) und (1.2) zweckmäßig:

$$w > 1: \quad \Theta_3[x, w] = 1 + 2 \sum_{n=1}^{N} \exp(-n^2 \pi w) \cos(2n\pi x_{red}) + \epsilon_3[x, w]$$

$$\text{mit } \epsilon_3[x, w] = 2 \sum_{n=N+1}^{\infty} \exp(-n^2 \pi w) \cos(2n\pi x_{red})$$

$$\Theta_2[x, w] = 2 \sum_{n=0}^{N} \exp[-(n + \tfrac{1}{2})^2 \pi w] \cos(2n\pi x_{Red}) + \epsilon_2[x, w]$$

$$\text{mit } \epsilon_2[x, w] = 2 \sum_{n=N+1}^{\infty} \exp[-(n + \tfrac{1}{2})^2 \pi w] \cos(2n\pi x_{Red})$$

Dabei wird $N = N[x, w]$ vom Programm so bestimmt, daß $|\epsilon_3[x, w]| < 5 \times 10^{-10}$ und $|\epsilon_2[x, w]| < 5 \times 10^{-10}$.

(2) $\Theta_1[x, w]$, $\Theta_4[x, w]$:
$\Theta_1[x, w] = \Theta_2[\tfrac{1}{2} - x, w]$, $\Theta_4[x, w] = \Theta_3[\tfrac{1}{2} - x, w]$

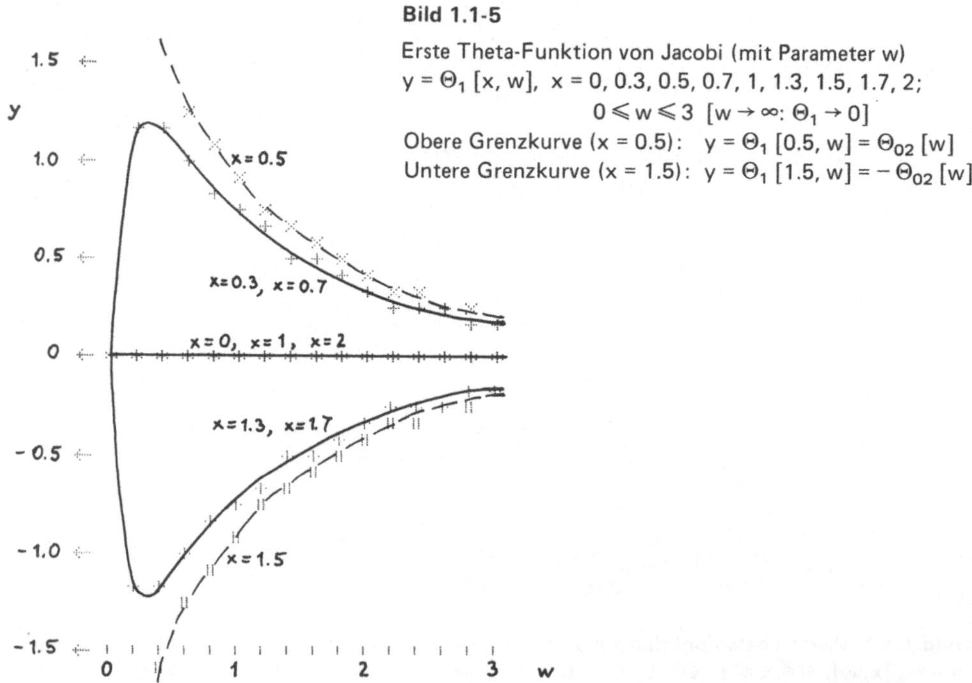

Bild 1.1-5

Erste Theta-Funktion von Jacobi (mit Parameter w)
$y = \Theta_1[x, w]$, x = 0, 0.3, 0.5, 0.7, 1, 1.3, 1.5, 1.7, 2;
$0 \leqslant w \leqslant 3$ $[w \to \infty: \Theta_1 \to 0]$
Obere Grenzkurve (x = 0.5): $y = \Theta_1[0.5, w] = \Theta_{02}[w]$
Untere Grenzkurve (x = 1.5): $y = \Theta_1[1.5, w] = -\Theta_{02}[w]$

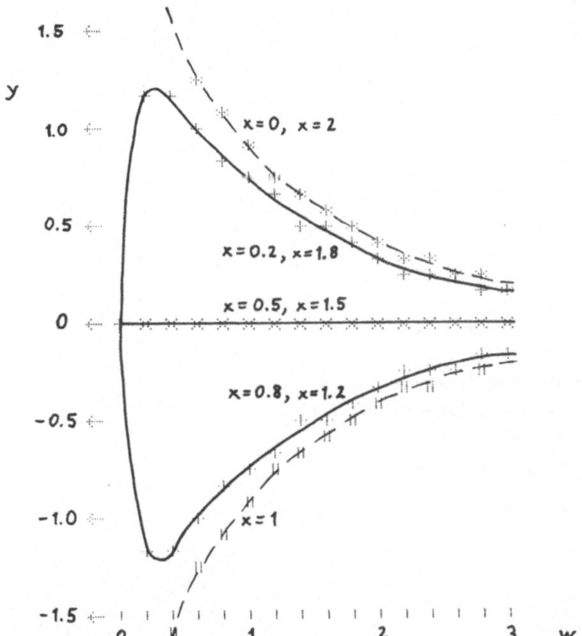

Bild 1.1-6 Zweite Theta-Funktion von Jacobi (mit Parameter w)
$y = \Theta_2[x, w]$, $x = 0, 0.2, 0.5, 0.8, 1, 1.2, 1.5, 1.8, 2$; $0 \leqslant w \leqslant 3$ $[w \to \infty: \Theta_2 \to 0]$
Obere Grenzkurve ($x = 0$, $x = 2$): $y = \Theta_2[0, w] = \Theta_{02}[w]$
Untere Grenzkurve ($x = 1$): $y = \Theta_2[1, w] = -\Theta_{02}[w]$

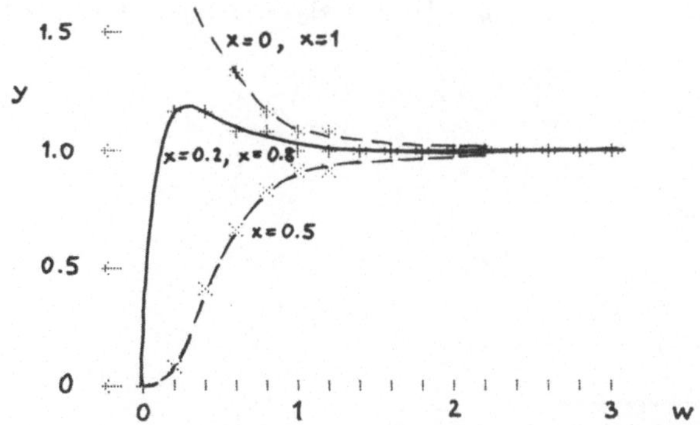

Bild 1.1-7 Dritte Theta-Funktion von Jacobi (mit Parameter w)
$y = \Theta_3[x, w]$, $x = 0,\ 0.2,\ 0.5,\ 0.8,\ 1$; $0 \leqslant w \leqslant 3$ $[w \to \infty: \Theta_3 \to 1]$
Obere Grenzkurve ($x = 0$, $x = 1$): $y = \Theta_3[0, w] = \Theta_{03}[w]$
Untere Grenzkurve ($x = 0.5$): $y = \Theta_3[0.5, w] = \Theta_{04}[w]$

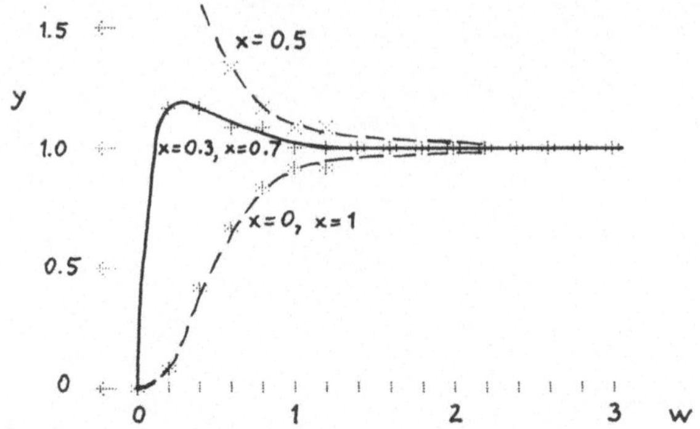

Bild 1.1-8 Vierte Theta-Funktion von Jacobi (mit Parameter w)
$y = \Theta_4[x, w]$, $x = 0,\ 0.3,\ 0.5,\ 0.7,\ 1$; $0 \leqslant w \leqslant 3$ $[w \to \infty: \Theta_4 \to 1]$
Obere Grenzkurve (x = 0.5): $y = \Theta_4[0.5, w] = \Theta_{03}[w]$
Untere Grenzkurve (x = 0, x = 1): $y = \Theta_4[0, w] = \Theta_{04}[w]$

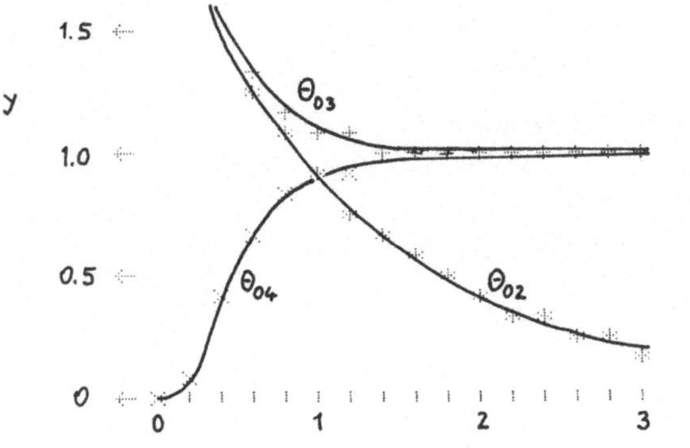

Bild 1.1-9
Theta-Null-Funktionen
(mit Parameter w)
$y = \Theta_{02}[w]$, $y = \Theta_{03}[w]$,
$y = \Theta_{04}[w]$, $0 \leqslant w \leqslant 3$
$[w \to \infty: \Theta_{02} \to 0, \Theta_{03} \to 1, \Theta_{04} \to 1]$

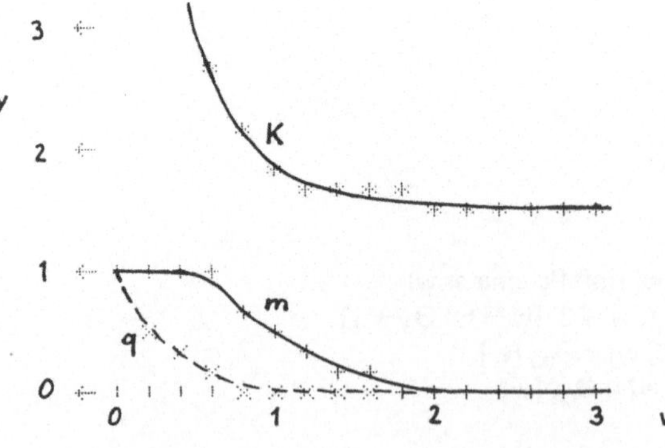

Bild 1.1-10
Elliptisches Integral K,
Milne-Parameter $m = k^2$ und
Jacobi-Parameter q

(II) Theta-Null-Funktionen mit Parameter w:

$$\Theta_{02}[w] = \Theta_2[0, w], \ \Theta_{03}[w] = \Theta_3[0, w], \ \Theta_{04}[w] = \Theta_4[0, w]$$

(III) Vollständiges elliptisches Integral erster Gattung mit Parameter w:

$$K[w] = \frac{\pi}{2}\Theta_{03}^2[w] \qquad (w \geqslant 0)$$

(IV) Milne-Parameter m als Funktion des Enneper-Parameters w:

$$m[w] = 1 - \Theta_{04}^4[w]/\Theta_{03}^4[w] \qquad (w \geqslant 0)$$

(V) Enneper-Parameter w als Funktion des Milne-Parameters m:

$$w(m) = K(1-m)/K(m) \qquad (0 \leqslant m \leqslant 1)$$ [mit K(m) nach Band 16, Programm 1.3]

Bemerkung: Aus Platzmangel hat die hier eingebaute K(m)-Routine keinen separaten Eingang. [Zur Bestimmung von Funktionswerten K(m) siehe Punkt (XV).]

(VI) Enneper-Parameter w als Funktion des Jacobi-Parameters q:

$$w\{q\} = -\frac{1}{\pi}\ln q \qquad (0 \leqslant q \leqslant 1)$$

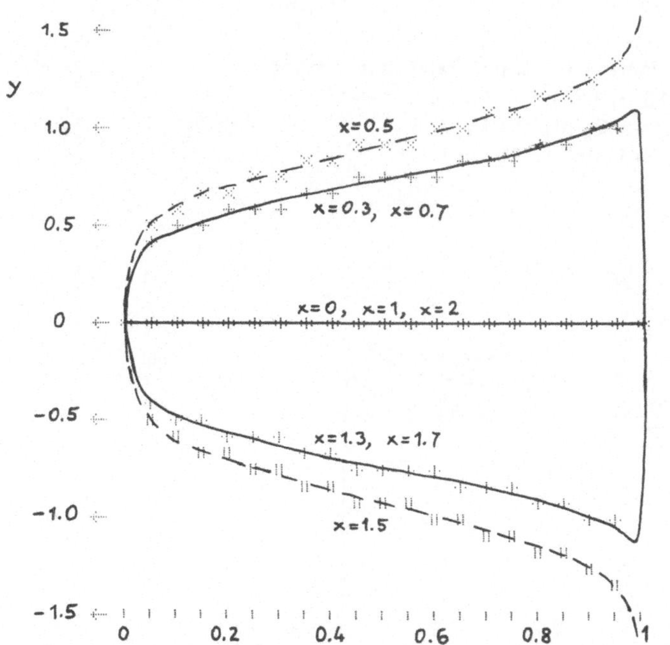

Bild 1.1-11 Erste Theta-Funktion von Jacobi (mit Parameter $m = k^2$)
$y = \Theta_1(x|m)$, $x = 0, 0.3, 0.5, 0.7, 1, 1.3, 1.5, 1.7, 2$; $0 \leqslant m \leqslant 1$
Obere Grenzkurve (x = 0.5): $y = \Theta_1(0.5|m) = \Theta_{02}(m)$
Untere Grenzkurve (x = 1.5): $y = \Theta_1(1.5|m) = -\Theta_{02}(m)$

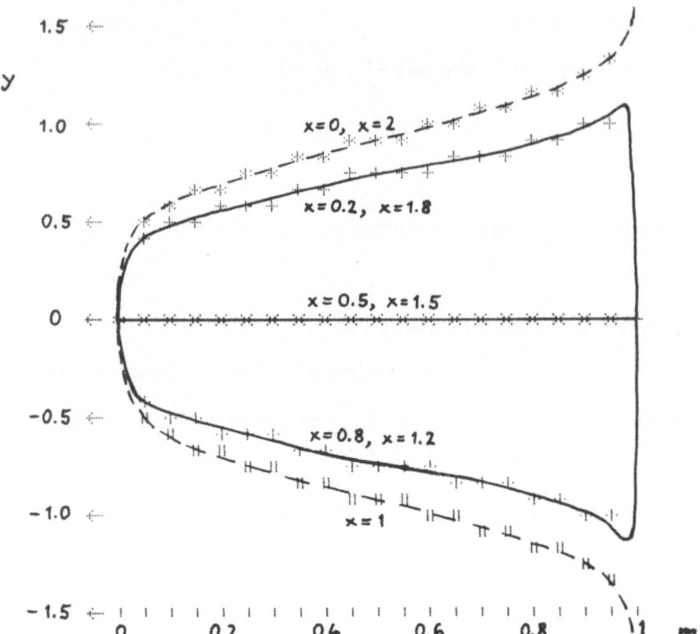

Bild 1.1-12 Zweite Theta-Funktion von Jacobi (mit Parameter $m = k^2$)
$y = \Theta_2(x|m)$, $x = 0, 0.2, 0.5, 0.8, 1, 1.2, 1.5, 1.8, 2$; $0 \leqslant m \leqslant 1$
Obere Grenzkurve ($x = 0$, $x = 2$): $y = \Theta_2(0|m) = \Theta_{02}(m)$
Untere Grenzkurve ($x = 1$): $y = \Theta_2(1|m) = -\Theta_{02}(m)$

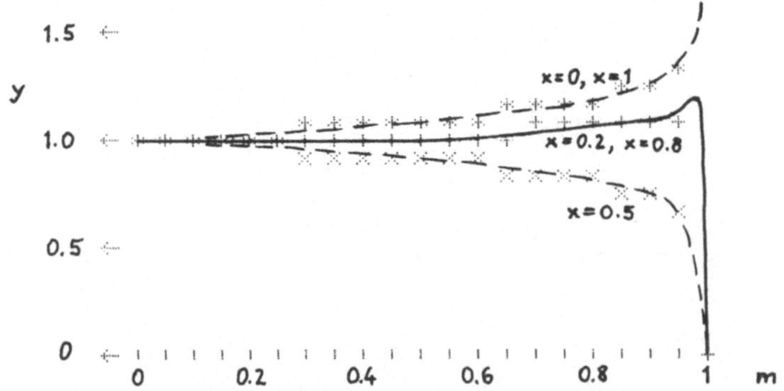

Bild 1.1-13 Dritte Theta-Funktion von Jacobi (mit Parameter $m = k^2$)
$y = \Theta_3(x|m)$, $x = 0, 0.2, 0.5, 0.8, 1$; $0 \leqslant m \leqslant 1$
Obere Grenzkurve ($x = 0$, $x = 1$): $y = \Theta_3(0|m) = \Theta_{03}(m)$
Untere Grenzkurve ($x = 0.5$): $y = \Theta_3(0.5|m) = \Theta_{04}(m)$

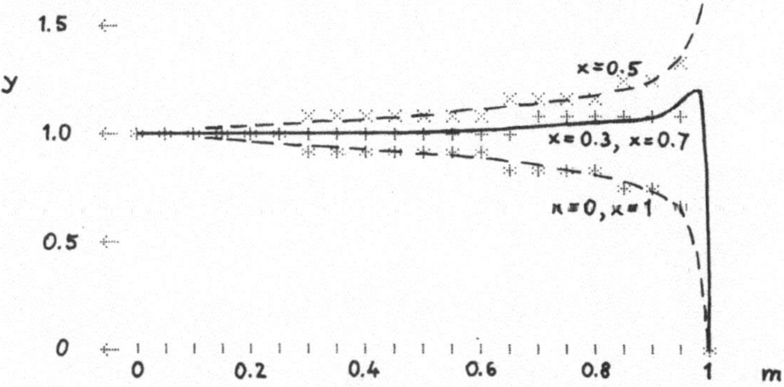

Bild 1.1-14 Vierte Theta-Funktion von Jacobi (mit Parameter $m = k^2$)
$y = \Theta_4(x|m)$, $x = 0, 0.3, 0.5, 0.7, 1$; $0 \leq m \leq 1$
Obere Grenzkurve ($x = 0.5$): $y = \Theta_4(0.5|m) = \Theta_{03}(m)$
Untere Grenzkurve ($x = 0, x = 1$): $y = \Theta_4(0|m) = \Theta_{04}(m)$

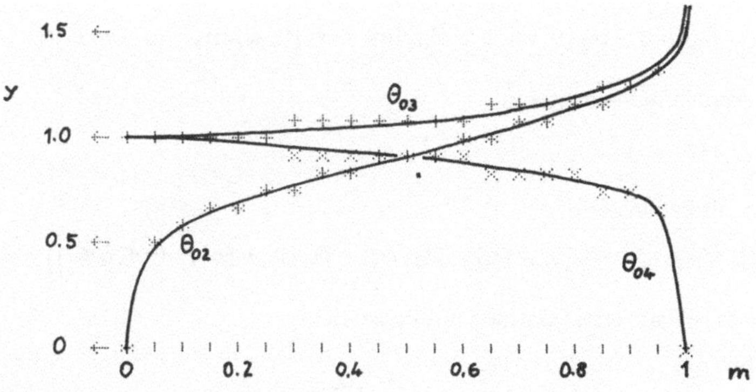

Bild 1.1-15 Theta-Null-Funktionen (mit Parameter $m = k^2$)
$y = \Theta_{02}(m)$, $y = \Theta_{03}(m)$, $y = \Theta_{04}(m)$, $0 \leq m \leq 1$

(VII) Jacobi-Parameter q als Funktion des Enneper-Parameters w:

$$q[w] = \exp(-\pi w) \qquad (w \geq 0) \qquad \text{[händisch durchzuführen]}$$

(VIII) Jacobi-Parameter q als Funktion des Milne-Parameters m:

$$q(m) = \exp[-\pi w(m)]$$

(IX) Theta-Funktionen von Jacobi mit Parameter m:

$$\Theta_{1,2,3,4}(x|m) = \Theta_{1,2,3,4}[x, w(m)] \qquad (0 \leq m \leq 1)$$

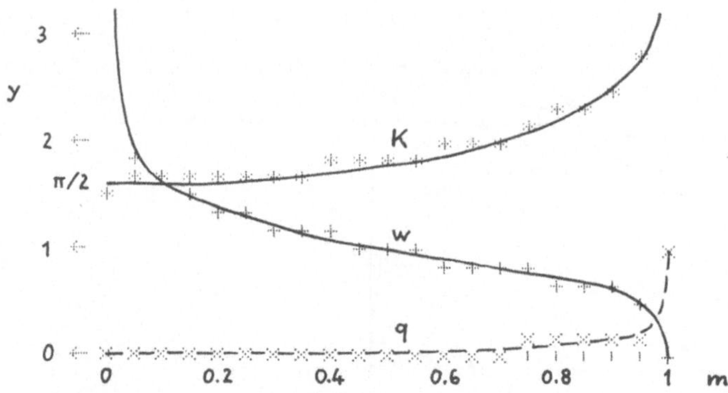

Bild 1.1-16 Elliptisches Integral K, Enneper-Parameter w und Jacobi-Parameter q (als Funktionen von $m = k^2$)
$y = K(m),\ y = w(m),\ y = q(m),\ 0 \leqslant m \leqslant 1$

(X) Theta-Null-Funktionen mit Parameter m:

$$\Theta_{02}(m) = \Theta_2[0, w(m)],\ \Theta_{03}(m) = \Theta_3[0, w(m)],\ \Theta_{04}(m) = \Theta_4[0, w(m)] \quad (0 \leqslant m \leqslant 1)$$

(XI) Theta-Funktionen von Jacobi mit Parameter q:

$$\Theta_{1,2,3,4}\{x, q\} = \Theta_{1,2,3,4}[x, w\{q\}] \quad (0 \leqslant q \leqslant 1)$$

(XII) Theta-Null-Funktionen mit Parameter q:

$$\Theta_{02}\{q\} = \Theta_2[0, w\{q\}],\ \Theta_{03}\{q\} = \Theta_3[0, w\{q\}],\ \Theta_{04}\{q\} = \Theta_4[0, w\{q\}] \quad (0 \leqslant q \leqslant 1)$$

(XIII) Vollständiges elliptisches Integral erster Gattung mit Parameter q:

$$K\{q\} = \frac{\pi}{2}\,\Theta_{03}^2\{q\} = K[w\{q\}] \quad (0 \leqslant q \leqslant 1)$$

(XIV) Milne-Parameter m als Funktion des Jacobi-Parameters q:

$$m\{q\} = 1 - \Theta_{04}^4\{q\}/\Theta_{03}^4\{q\} = m[w\{q\}] \quad (0 \leqslant q \leqslant 1)$$

Für den absoluten Fehler ϵ von $m\{q\}$ gilt $|\epsilon\{q\}| < 1.5 \times 10^{-11}$ [vgl. Fehlerkurve $\epsilon\{q\}$ in Anhang β (Bild β-1)].

(XV) Vollständiges elliptisches Integral erster Gattung mit Parameter m [vgl. die Bemerkung bei Punkt (V)]:

$$K(m) = K[w(m)] \quad (0 \leqslant m \leqslant 1)$$

Für den (modifizierten) relativen Fehler δ von $K(m)$ gilt $|\delta(m)| < 5 \times 10^{-11}$ [vgl. Fehlerkurve $\delta(m)$ in Anhang β (Bild β-2)].

(b) Bedienungshinweise

Programmadreß-Tasten:

x	m → w(m)	w → K[w]	w → m[w]	q → w{q}
w → Θ_1[x, w]	w → Θ_2[x, w]	w → Θ_3[x, w]	w → Θ_4[x, w]	

Speicherbereichsverteilung: Grundstellung
Programm laden: 2 Magnetkartenseiten einlesen (Block 1 und 3)
Winkelmodus: beliebig (zurück bleibt Rad)
Anzeigeformat: beliebig (zurück bleibt INV Fix)
Argumentbereich:
(I) $\Theta_{1,2,3,4}$[x, w]: etwa $-10^{12} < x < 10^{12}$, $0.03 < w < 10$ und $w = 0$;
(II) K[w], m[w]: etwa $0.03 < w < 10$ und $w = 0$;
(III) w(m): $0 \leqslant m \leqslant 1$;
(IV) w{q}: $0 \leqslant q \leqslant 1$
Genauigkeit (Richtwert): 9 D/S

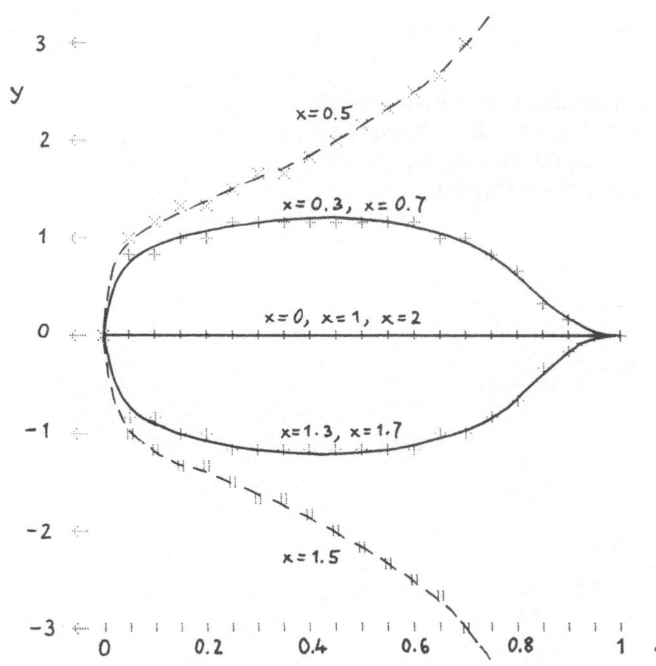

Bild 1.1-17 Erste Theta-Funktion von Jacobi (mit Parameter q)
$y = \Theta_1\{x, q\}$, $x = 0, 0.3, 0.5, 0.7, 1, 1.3, 1.5, 1.7, 2$; $0 \leqslant q \leqslant 1$
Obere Grenzkurve (x = 0.5): $y = \Theta_1\{0.5, q\} = \Theta_{02}\{q\}$
Untere Grenzkurve (x = 1.5): $y = \Theta_1\{1.5, q\} = -\Theta_{02}\{q\}$

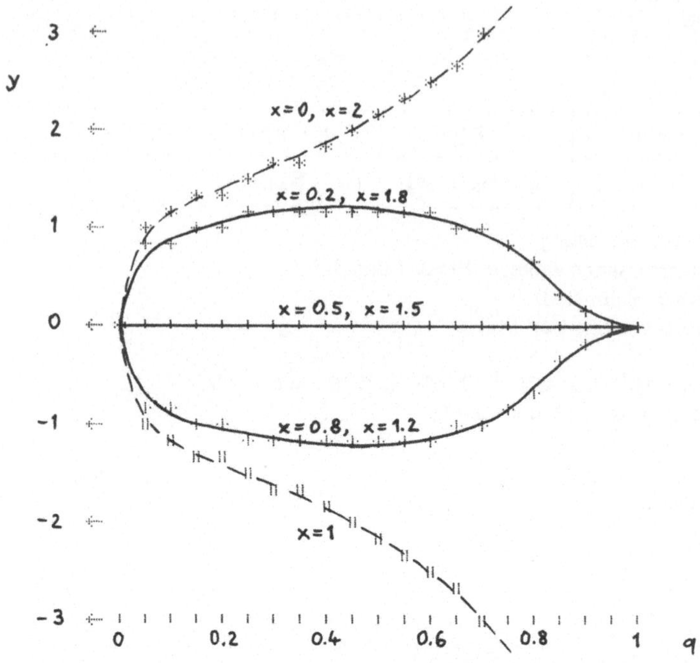

Bild 1.1-18 Zweite Theta-Funktion von Jacobi (mit Parameter q)
$y = \Theta_2\{x, q\}$, $x = 0, 0.2, 0.5, 0.8, 1, 1.2, 1.5, 1.8, 2$; $0 \leqslant q \leqslant 1$
Obere Grenzkurve ($x = 0$, $x = 2$): $y = \Theta_2\{0, q\} = \Theta_{02}\{q\}$
Untere Grenzkurve ($x = 1$): $y = \Theta_2\{1, q\} = -\Theta_{02}\{q\}$

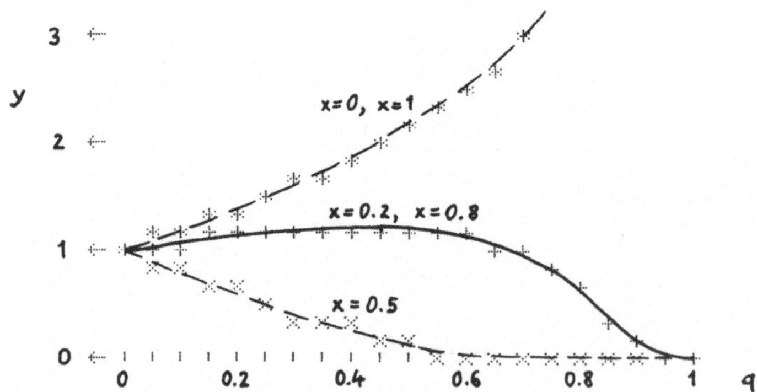

Bild 1.1-19 Dritte Theta-Funktion von Jacobi (mit Parameter q)
$y = \Theta_3\{x, q\}$, $x = 0, 0.2, 0.5, 0.8, 1$; $0 \leqslant q \leqslant 1$
Obere Grenzkurve ($x = 0$, $x = 1$): $y = \Theta_3\{0, q\} = \Theta_{03}\{q\}$
Untere Grenzkurve ($x = 0.5$): $y = \Theta_3\{0.5, q\} = \Theta_{04}\{q\}$

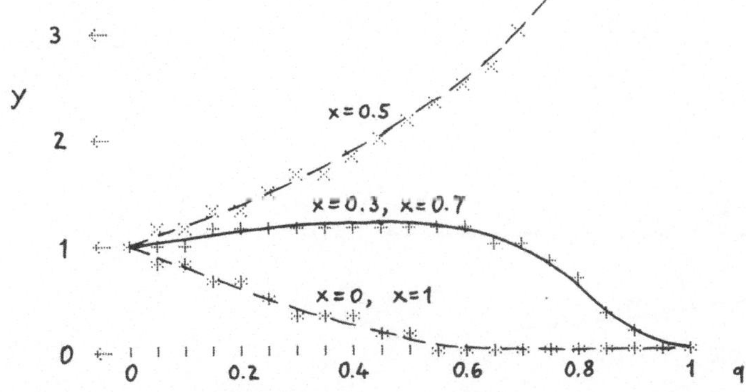

Bild 1.1-20 Vierte Theta-Funktion von Jacobi (mit Parameter q)
$y = \Theta_4\{x, q\}$, $x = 0, 0.3, 0.5, 0.7, 1$; $0 \leqslant q \leqslant 1$
Obere Grenzkurve ($x = 0.5$): $y = \Theta_4\{0.5, q\} = \Theta_{03}\{q\}$
Untere Grenzkurve ($x = 0, x = 1$): $y = \Theta_4\{0, q\} = \Theta_{04}\{q\}$

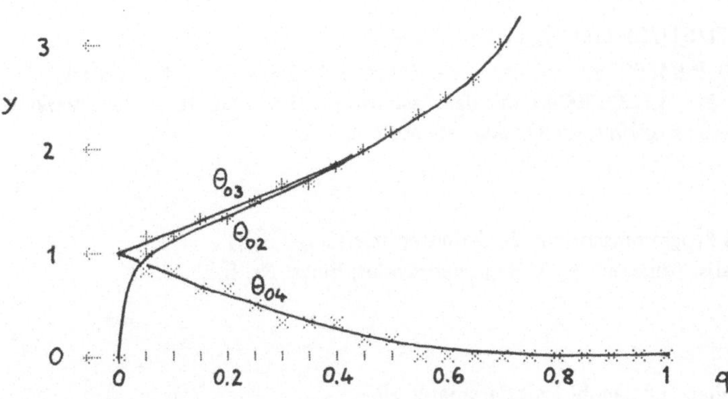

Bild 1.1-21 Theta-Null-Funktionen (mit Parameter q)
$y = \Theta_{02}\{q\}$, $y = \Theta_{03}\{q\}$, $y = \Theta_{04}\{q\}$, $0 \leqslant q \leqslant 1$

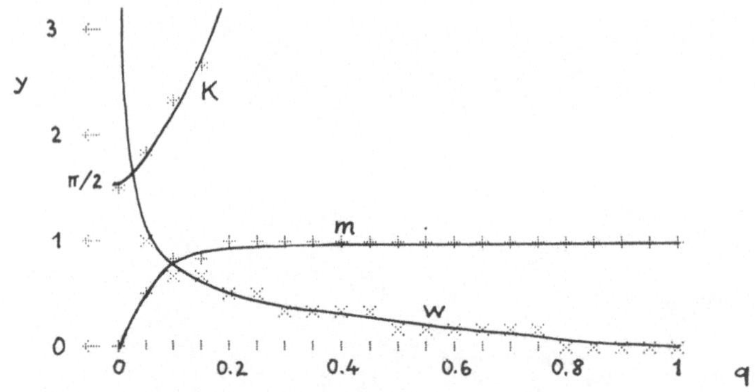

Bild 1.1-22 Elliptisches Integral K, Milne-Parameter $m = k^2$ und Enneper-Parameter w (als Funktionen von q)
$y = K\{q\}$, $y = m\{q\}$, $y = w\{q\} = -(\ln q)/\pi$, $0 \leqslant q \leqslant 1$

Besondere Einrichtung: Speicherung von w(m) oder w{q} in R_{26}. Nimmt man als Parameter nicht w, sondern m oder q, so muß w als Hilfsgröße berechnet werden. Für eine neue Rechnung mit gleichem m oder q muß die Hilfsgröße w aber nicht nochmals berechnet werden, sondern ist einfach aus R_{26} entnehmbar.

- *Beispiel:* Man berechne $\Theta_1(1/5|1/3)$ und $\Theta_4(1/2|1/3)$. –
  Man erhält $\Theta_1(1/5|1/3) = 0.4684502762$ mit der Tastenfolge .2 A' 3 1/x B' A. Als zweites Ergebnis kommt $\Theta_4(1/2|1/3) = 1.050640649$ mit der Tastenfolge .5 A' RCL 26 D. [Die Version .5 A' 3 1/x B' D liefert dasselbe Ergebnis, dauert aber etwas länger.]

Programmkenndaten

Speicherbedarf: effektiv 239 Programmschritte, 26 Datenregister ($R_{26}-R_{51}$)
Labels: A–D, A'–E', HIR; abs. Adressen: ja; T-Reg.: verwendet; Flags: Nr. 5, 6
CE: verwendet

Tabelle 1.1-1 Theta-Funktionen von Jacobi (mit Parameter w)
$\Theta_r[x, w]$, r = 1, 2, 3, 4; x = 0.2; w = 0(.5)5, 9D

w	$\Theta_1[0.2, w]$	$\Theta_2[0.2, w]$	$\Theta_3[0.2, w]$	$\Theta_4[0.2, w]$
0.0	0.000000000	0.000000000	0.000000000	0.000000000
0.5	0.738280173	1.074405320	1.125453885	0.868502943
1.0	0.534367883	0.737197164	1.026702028	0.973286687
1.5	0.361868547	0.498119015	1.005551969	0.994448010
2.0	0.244375720	0.336355772	1.001154143	0.998845857
2.5	0.165011174	0.227118439	1.000239923	0.999760077
3.0	0.111420836	0.153357625	1.000049875	0.999950125
3.5	0.075234904	0.103551962	1.000010368	0.999989632
4.0	0.050801008	0.069921589	1.000002155	0.999997845
4.5	0.034302461	0.047213288	1.000000448	0.999999552
5.0	0.023162116	0.031879918	1.000000093	0.999999907

Tabelle 1.1-2 Theta-Null-Funktionen (mit Parameter w)
$\Theta_{0r}[w] = \Theta_r[0, w]$, $r = 2, 3, 4$; $w = 0(.5)5$, 9D

w	$\Theta_{02}[w]$	$\Theta_{03}[w]$	$\Theta_{04}[w]$
0.0	∞	∞	0.000000000
0.5	1.408931637	1.419495488	0.587974283
1.0	0.913579138	1.086434811	0.913579138
1.5	0.615777632	1.017966595	0.982033431
2.0	0.415760603	1.003734885	0.996265115
2.5	0.280733888	1.000776406	0.999223594
3.0	0.189560451	1.000161399	0.999838601
3.5	0.127997264	1.000033552	0.999966448
4.0	0.086427837	1.000006975	0.999993025
4.5	0.058358833	1.000001450	0.999998550
5.0	0.039405746	1.000000301	0.999999699

Tabelle 1.1-3 Elliptisches Integral K, Milne-Parameter $m = k^2$ und Jacobi-Parameter q (als Funktionen von w)
K[w], m[w], $w = 0(.5)5$, 9D; $q[w] = \exp(-\pi w)$, 10D

w	K[w]	m[w]	q[w]
0.0	∞	1.000000000	1.0000000000
0.5	3.165103454	0.970562748	0.2078795764
1.0	1.854074677	0.500000000	0.0432139183
1.5	1.627747101	0.133894127	0.0089832910
2.0	1.582551727	0.029437252	0.0018674427
2.5	1.573236426	0.006192003	0.0003882032
3.0	1.571303418	0.001290359	0.0000806995
3.5	1.570901734	0.000268376	0.0000167758
4.0	1.570818238	0.000055796	0.0000034873
4.5	1.570800882	0.000011599	0.0000007249
5.0	1.570797274	0.000002411	0.0000001507

SBR-Ebenen / Klammer-Ebenen / unvollständige Op.-Ebenen:

$\Theta_1, \Theta_2, \Theta_3, \Theta_4[x, w]$: 1/2/5
K[w]: 2/2/5; m[w]: 2/3/7
w(m): 1/4/4; w{q}: 0/1/1

(c) Checkwerte

(I) $\Theta_1[\pi, \pi] = -0.0729833653$ (Laufzeit 9 Sek.), Tastenfolge π A' A;
$\Theta_1[\pi, 1/\pi] = -0.4683636813$ (13 Sek.), Tastenfolge π 1/x A;
$\Theta_1[0, \pi] = 0$ (7 Sek.), Tastenfolge 0 A' π A

(II) $\Theta_2\,[\pi, \pi] = -0.1531044146$ (8 Sek.), Tastenfolge π A′ B;
$\Theta_2\,[\pi, 1/\pi] = -1.453020645$ (12 Sek.), Tastenfolge π 1/x B;
$\Theta_{02}\,[\pi] = \Theta_2\,[0, \pi] = 0.1696099454$ (9 Sek.), Tastenfolge 0 A′ π B

(III) $\Theta_3\,[\pi, \pi] = 1.000065138$ (8 Sek.), Tastenfolge π A′ C;
$\Theta_3\,[\pi, 1/\pi] = 1.455491213$ (9 Sek.), Tastenfolge π 1/x C;
$\Theta_{03}\,[\pi] = \Theta_3\,[0, \pi] = 1.000103446$ (7 Sek.), Tastenfolge 0 A′ π C

(IV) $\Theta_4\,[\pi, \pi] = 0.9999348617$ (8 Sek.), Tastenfolge π A′ D;
$\Theta_4\,[\pi, 1/\pi] = 0.5293428909$ (9 Sek.), Tastenfolge π 1/x D;
$\Theta_{04}\,[\pi] = \Theta_4\,[0, \pi] = 0.9998965536$ (7 Sek.), Tastenfolge 0 A′ π D

(V) $K\,[\pi] = 1.571121330$ (8 Sek.), Tastenfolge π C′;
$K\,[1/\pi] = 4.935823228$ (9 Sek.)

(VI) $m\,[\pi] = 0.0008272286$ (15 Sek.), Tastenfolge π D′;
$m\,[1/\pi] = 0.9991727714$ (20 Sek.)

(VII) $q\,[\pi] = \exp(-\pi^2) = 0.0000517232$, Tastenfolge π x^2 +/− INV ln x;
$q\,[1/\pi] = \exp(-1) = 1/e = 0.3678794412$

Tabelle 1.1-4 Theta-Funktionen von Jacobi (mit Parameter $m = k^2$)
$\Theta_r\,(x\,|\,m)$, $r = 1, 2, 3, 4$; $x = 0.2$; $m = 0(.1)1$, 9D

m	$\Theta_1\,(0.2\,|\,m)$	$\Theta_2\,(0.2\,|\,m)$	$\Theta_3\,(0.2\,|\,m)$	$\Theta_4\,(0.2\,|\,m)$
0.0	0.000000000	0.000000000	1.000000000	1.000000000
0.1	0.334850855	0.460907364	1.004069535	0.995930458
0.2	0.403831319	0.555959731	1.008617099	0.991382779
0.3	0.453801683	0.624987898	1.013767814	0.986231389
0.4	0.495934977	0.683455045	1.019703320	0.980293336
0.5	0.534367883	0.737197164	1.026702028	0.973286687
0.6	0.571432897	0.789687448	1.035223353	0.964742438
0.7	0.609012663	0.844066539	1.046110569	0.953788722
0.8	0.649345884	0.904810727	1.061197364	0.938488329
0.9	0.696439766	0.982602870	1.086007059	0.912743613
1.0	0.000000000	0.000000000	0.000000000	0.000000000

Tabelle 1.1-5 Theta-Funktionen von Jacobi (mit Parameter $m = k^2$)
$\Theta_r\,(x\,|\,m)$, $r = 1, 2, 3, 4$; $x = 0.2$; $m = 1 - 10^{-a}$ mit $a = 1(1)9$, 9D

m	$\Theta_1\,(0.2\,|\,m)$	$\Theta_2\,(0.2\,|\,m)$	$\Theta_3\,(0.2\,|\,m)$	$\Theta_4\,(0.2\,|\,m)$
0.9	0.696439766	0.982602870	1.086007059	0.91274361
0.99	0.747639839	1.126960155	1.154389684	0.83031622
0.999	0.719235858	1.188217933	1.195380680	0.74981890
0.9999	0.658753778	1.208409107	1.210233601	0.66976226
0.99999	0.587580419	1.203998432	1.204454755	0.59146984
0.999999	0.515681882	1.183417290	1.183529937	0.51703811
0.9999999	0.447662788	1.151804892	1.151832431	0.44813112
0.99999999	0.385534141	1.112648381	1.112655063	0.38569466
0.999999999	0.329999970	1.068453336	1.068454948	0.33005466

Tabelle 1.1-6 Theta-Null-Funktionen (mit Parameter $m = k^2$)
$\Theta_{0r}(m) = \Theta_r(0|m)$, $r = 2, 3, 4$; $m = 0(.1)1$, 9D

m	$\Theta_{02}(m)$	$\Theta_{03}(m)$	$\Theta_{04}(m)$
0.0	0.000000000	1.000000000	1.000000000
0.1	0.569746971	1.013169307	0.986830701
0.2	0.687388657	1.027885790	0.972114361
0.3	0.773057464	1.044555365	0.955445620
0.4	0.845984158	1.063768761	0.936235372
0.5	0.913579138	1.086434811	0.913579138
0.6	0.980498740	1.114061658	0.885980626
0.7	1.051384622	1.149442128	0.850682354
0.8	1.133699856	1.198741649	0.801646856
0.9	1.247814144	1.281118423	0.720425832
1.0	∞	∞	0.000000000

Tabelle 1.1-7 Elliptisches Integral K, Enneper-Parameter w und Jacobi-Parameter q (als Funktionen von $m = k^2$)
$K(m)$, $w(m)$, $m = 0(.1)1$, 9D; $q(m) = \exp[-\pi w(m)]$, 10D

m	K(m)	w(m)	q(m)
0.0	1.570796327	∞	0.0000000000
0.1	1.612441349	1.598874970	0.0065846516
0.2	1.659623599	1.360070638	0.0139428573
0.3	1.713889448	1.210908403	0.0222774362
0.4	1.777519371	1.096791282	0.0318833473
0.5	1.854074677	1.000000000	0.0432139183
0.6	1.949567750	0.911750500	0.0570202578
0.7	2.075363135	0.825826295	0.0746899435
0.8	2.257205327	0.735255929	0.0992736973
0.9	2.578092113	0.625439774	0.1401731270
1.0	∞	0.000000000	1.0000000000

(VIII) $\Theta_1(\pi|1/\pi) = -0.3380478023$ (22 Sek.), Tastenfolge π A' 1/x B' A;
$\Theta_1(0|1/\pi) = 0$ (8 Sek.), Tastenfolge 0 A' RCL 26 A

(IX) $\Theta_2(\pi|1/\pi) = -0.7101804695$ (22 Sek.), Tastenfolge π A' 1/x B' B;
$\Theta_{02}(1/\pi) = \Theta_2(0|1/\pi) = 0.7870756189$ (9 Sek.), Tastenfolge 0 A' RCL 26 B

(X) $\Theta_3(\pi|1/\pi) = 1.030137029$ (22 Sek.), Tastenfolge π A' 1/x B' C;
$\Theta_{03}(1/\pi) = \Theta_3(0|1/\pi) = 1.047861605$ (9 Sek.), Tastenfolge 0 A' RCL 26 C

(XI) $\Theta_4(\pi|1/\pi) = 0.9698626990$ (22 Sek.), Tastenfolge π A' 1/x B' D;
$\Theta_{04}(1/\pi) = \Theta_4(0|1/\pi) = 0.9521397064$ (9 Sek.), Tastenfolge 0 A' RCL 26 D

(XII) $K(1/\pi) = 1.724756270$ (22 Sek.), Tastenfolge π 1/x B' C'

(XIII) $w(1/\pi) = 1.188124289$ (12 Sek.), Tastenfolge π 1/x B';

(XIV) $q(1/\pi) = q[w(1/\pi)] = \exp[-\pi w(1/\pi)] = 0.0239304747$ (14 Sek.),
Tastenfolge π 1/x B' +/− X π = INV ln x

(XV) $\Theta_1\{\pi, 1/\pi\} = -0.4996817467$ (15 Sek.), Tastenfolge π A' 1/x E' A;
$\Theta_1\{0, 1/\pi\} = 0$ (13 Sek.), Tastenfolge 0 A' RCL 26 A

(XVI) $\Theta_2\{\pi, 1/\pi\} = -1.390744563$ (14 Sek.), Tastenfolge π A' 1/x E' B;
$\Theta_{02}\{1/\pi\} = \Theta_2\{0, 1/\pi\} = 1.656025157$ (10 Sek.), Tastenfolge 0 A' RCL 26 B

(XVII) $\Theta_3\{\pi, 1/\pi\} = 1.396557923$ (11 Sek.), Tastenfolge π A' 1/x E' C;
$\Theta_{03}\{1/\pi\} = \Theta_3\{0, 1/\pi\} = 1.657218853$ (9 Sek.), Tastenfolge 0 A' RCL 26 C

(XVIII) $\Theta_4\{\pi, 1/\pi\} = 0.5949417267$ (11 Sek.), Tastenfolge π A' 1/x E' D;
$\Theta_{04}\{1/\pi\} = \Theta_4\{0, 1/\pi) = 0.3838451207$ (12 Sek.), Tastenfolge 0 A' RCL 26 D

(XIX) $K\{1/\pi\} = 4.313994703$ (11 Sek.), Tastenfolge π 1/x E' C'

(XX) $m\{1/\pi\} = 0.9971219082$ (22 Sek.), Tastenfolge π 1/x E' D'

(XXI) $w\{1/\pi\} = 0.3643788397$ (1 Sek.), Tastenfolge π 1/x E'

Tabelle 1.1-8 Theta-Funktionen von Jacobi (mit Parameter q)
$\Theta_r\{x, q\}$, $r = 1, 2, 3, 4$; $x = 0.2$; $q = 0(.1)1$, 9D

q	$\Theta_1\{0.2, q\}$	$\Theta_2\{0.2, q\}$	$\Theta_3\{0.2, q\}$	$\Theta_4\{0.2, q\}$
0.0	0.000000000	0.000000000	1.000000000	1.000000000
0.1	0.650375508	0.906410792	1.061641594	0.938034799
0.2	0.735270597	1.065426773	1.121017115	0.873805176
0.3	0.743325361	1.155234179	1.172272276	0.801515578
0.4	0.692891010	1.201611285	1.205368033	0.711789158
0.5	0.589052570	1.204269745	1.204739138	0.593025475
0.6	0.435573511	1.144976033	1.144997180	0.435957131
0.7	0.245959457	0.981163922	0.981164043	0.245967129
0.8	0.070063660	0.639634210	0.639634210	0.070063663
0.9	0.001190758	0.128807597	0.128807597	0.001190758
1.0	0.000000000	0.000000000	0.000000000	0.000000000

Tabelle 1.1-9 Theta-Null-Funktionen (mit Parameter q)
$\Theta_{0r}\{q\} = \Theta_r\{0, q\}$, $r = 2, 3, 4$; $q = 0(.1)1$, 9D

q	$\Theta_{02}\{q\}$	$\Theta_{03}\{q\}$	$\Theta_{04}\{q\}$
0.0	0.000000000	1.000000000	1.000000000
0.1	1.135930602	1.200200002	0.800199998
0.2	1.391065439	1.403201024	0.603198976
0.3	1.614460341	1.616239375	0.416160643
0.4	1.851569651	1.851725147	0.250676571
0.5	2.128931251	2.128936827	0.121124208
0.6	2.479925280	2.479925321	0.039603165
0.7	2.967827369	2.967827369	0.005876411
0.8	3.752172240	3.752172240	0.000118336
0.9	5.460545027	5.460545027	0.000000001
1.0	∞	∞	0.000000000

Tabelle 1.1-10 Elliptisches Integral K, Milne-Parameter $m = k^2$ und Enneper-Parameter w (als Funktionen von q)
K {q}, q = 0(.1) 1, 9S; m {q}, 9D; w {q} = − (ln q)/π, 10D

q	K {q}	m {q}	w {q}
0.0	1.57079633 00	0.000000000	∞
0.1	2.26270076 00	0.802403298	0.7329355989
0.2	3.09285573 00	0.965852194	0.5122999987
0.3	4.10328084 00	0.995604368	0.3832364463
0.4	5.38608157 00	0.999664147	0.2916643986
0.5	7.11943331 00	0.999989522	0.2206356002
0.6	9.66044390 00	0.999999935	0.1626008462
0.7	1.38355729 01	1.000000000	0.1135331608
0.8	2.21149219 01	1.000000000	0.0710287984
0.9	4.68373011 01	1.000000000	0.0335372937
1.0	∞	1.000000000	0.0000000000

(d) Datenregister

Das Programm wird in Grundstellung der Speicherbereichsverteilung eingelesen und benutzt effektiv 26 Datenregister ($R_{26}-R_{51}$).

Andere Zählung: das eigentliche Programm benötigt 410 Schritte und nur 4 Datenregister (R_{26} w, R_{27} Hilfswerte, R_{28} x_{red}, R_{29} x_{Red}). Während der Ausführung schaltet das Programm vorübergehend auf die Verteilung 719.29 und benutzt Block 3 als Programmteil.

(e) Eingabe des Programms

Speicherbereichsverteilung durch 2 Op 17 einstellen auf 799.19. Programm eintasten. (Eingabe des Befehls HIR: Band 3/I, Anhang A.) Eingabe des unkonventionellen Labels HIR (Schritt 105–106):

RCL 82 BST BST Lbl SST

Eingabe der Befehlsfolge SBR HIR (Schritt 164–165):

RCL 82 BST BST SBR SST

Speicherbereichsverteilung durch 6 Op 17 auf Grundstellung setzen. Block 1 und 3 auf je eine Magnetkartenseite aufzeichnen.

Programmstruktur

Schritt 094–137, 549–718 Θ_3 [x, w] (625–718 Exponentialreihe, 555–623 Fourierreihe; 124–129 Löschen von Θ für $|\Theta| < 10^{-12}$)

074–091 Vorbereitung Θ_1, Θ_4, Θ_2; 211–238 Sonderfall w = 0

141–158 Argument-Reduktion (x_{red}, x_{Red})

162–172 K [w]; 176–199 m [w]; 002–072 w (m); 203–210 w {q}

1. Liste zu Programm 1.1

```
000  76  LBL
001  17  B'
002  29  CP
003  67  EQ
004  10  E'
005  82  HIR
006  07  07
007  71  SBR
008  01  01
009  95  95
010  67  EQ
011  00  00
012  71  71
013  32  X:T
014  53  (
015  01  1
016  75  -
017  01  1
018  00  0
019  94  +/-
020  22  INV
021  28  LOG
022  54  )
023  32  X:T
024  53  (
025  53  (
026  71  SBR
027  00  00
028  32  32
029  55  ÷
030  82  HIR
031  17  17
032  34  √X
033  82  HIR
034  08  08
035  01  1
036  42  STO
037  27  27
038  53  (
039  53  (
040  82  HIR
041  18  18
042  85  +
043  43  RCL
044  27  27
045  54  )
046  55  ÷
047  02  2
048  54  )
049  53  (
050  48  EXC
051  27  27
052  65  ×
053  82  HIR
054  18  18
055  54  )
056  34  √X
057  53  (
058  82  HIR
059  08  08
060  55  ÷
061  43  RCL
062  27  27
063  54  )
064  22  INV
065  77  GE
066  00  00
067  38  38
068  43  RCL
069  27  27
070  54  )
071  42  STO
072  26  26
073  92  RTN
074  76  LBL
075  11  A
076  86  STF
077  05  05
078  76  LBL
079  14  D
080  32  X:T
081  53  (
082  93  .
083  05  5
084  75  -
085  61  GTO
086  00  00
087  96  96
088  76  LBL
089  12  B
090  86  STF
091  05  05
092  76  LBL
093  13  C
094  32  X:T
095  53  (
096  43  RCL
097  29  29
098  87  IFF
099  05  05
100  01  01
101  04  04
102  43  RCL
103  28  28
104  54  )
105  76  LBL
106  82  HIR
107  70  RAD
108  22  INV
109  58  FIX
110  82  HIR
111  08  08
112  00  0
113  67  EQ
114  02  02
115  11  11
116  03  3
117  69  OP
118  17  17
119  71  SBR
120  05  05
121  49  49
122  49  PRD
123  27  27
124  06  6
125  44  SUM
126  27  27
127  22  INV
128  44  SUM
129  27  27
130  69  OP
131  17  17
132  43  RCL
133  27  27
134  24  CE
135  22  INV
136  86  STF
137  05  05
138  92  RTN
139  76  LBL
140  16  A'
141  53  (
142  42  STO
143  29  29
144  55  ÷
145  22  INV
146  59  INT
147  42  STO
148  28  28
149  02  2
150  54  )
151  53  (
152  22  INV
153  59  INT
154  65  ×
155  02  2
156  54  )
157  48  EXC
158  29  29
159  92  RTN
160  76  LBL
161  18  C'
162  32  X:T
163  00  0
164  71  SBR
165  82  HIR
166  53  (
167  33  X²
168  55  ÷
169  02  2
170  65  ×
171  89  π
172  54  )
173  92  RTN
174  76  LBL
175  19  D'
176  82  HIR
177  05  05
178  53  (
179  32  X:T
180  93  .
181  05  5
182  71  SBR
183  82  HIR
184  55  ÷
185  82  HIR
186  15  15
187  32  X:T
188  00  0
189  71  SBR
190  82  HIR
191  54  )
192  24  CE
193  33  X²
194  33  X²
195  53  (
196  94  +/-
197  85  +
198  01  1
199  54  )
200  92  RTN
201  76  LBL
202  10  E'
203  53  (
204  23  LNX
205  55  ÷
206  89  π
207  94  +/-
208  61  GTO
209  00  00
210  70  70
211  82  HIR
212  18  18
213  67  EQ
214  02  02
215  35  35
216  22  INV
217  87  IFF
218  05  05
219  02  02
220  30  30
221  22  INV
222  86  STF
223  05  05
224  50  IXI
225  32  X:T
226  01  1
227  67  EQ
228  02  02
229  32  32
230  00  0
231  92  RTN
232  00  0
233  23  LNX
234  92  RTN
235  35  1/X
236  61  GTO
237  01  01
238  35  35
```

2. Liste zu Programm 1.1

549	01	1
550	82	HIR
551	06	06
552	77	GE
553	06	06
554	25	25
555	00	0
556	87	IFF
557	05	05
558	05	05
559	62	62
560	93	.
561	05	5
562	42	STO
563	27	27
564	02	2
565	82	HIR
566	48	48
567	22	INV
568	87	IFF
569	05	05
570	05	05
571	74	74
572	82	HIR
573	66	66
574	01	1
575	00	0
576	94	+/-
577	22	INV
578	28	LOG
579	32	X:T
580	82	HIR
581	07	07
582	89	π
583	82	HIR
584	47	47
585	82	HIR
586	48	48
587	53	(
588	82	HIR
589	16	16
590	65	×
591	82	HIR
592	18	18
593	54	)
594	53	(
595	39	COS
596	55	÷
597	53	(
598	82	HIR
599	16	16
600	33	X²
601	65	×
602	01	1
603	82	HIR
604	36	36
605	82	HIR
606	17	17
607	54	)
608	22	INV
609	23	LNX
610	54	)
611	44	SUM
612	27	27
613	50	I×I
614	77	GE
615	05	05
616	87	87
617	82	HIR
618	16	16
619	32	X:T
620	02	2
621	77	GE
622	05	05
623	87	87
624	92	RTN
625	01	1
626	00	0
627	94	+/-
628	22	INV
629	28	LOG
630	32	X:T
631	53	(
632	35	1/X
633	65	×
634	89	π
635	94	+/-
636	65	×
637	82	HIR
638	07	07
639	82	HIR
640	18	18
641	33	X²
642	54	)
643	22	INV
644	23	LNX
645	42	STO
646	27	27
647	53	(
648	53	(
649	82	HIR
650	18	18
651	75	-
652	82	HIR
653	16	16
654	54	)
655	53	(
656	33	X²
657	65	×
658	82	HIR
659	17	17
660	54	)
661	22	INV
662	23	LNX
663	85	+
664	53	(
665	82	HIR
666	18	18
667	85	+
668	82	HIR
669	16	16
670	54	)
671	53	(
672	33	X²
673	65	×
674	01	1
675	82	HIR
676	36	36
677	82	HIR
678	17	17
679	54	)
680	22	INV
681	23	LNX
682	54	)
683	22	INV
684	87	IFF
685	05	05
686	06	06
687	97	97
688	87	IFF
689	06	06
690	06	06
691	94	94
692	94	+/-
693	22	INV
694	22	INV
695	86	STF
696	06	06
697	44	SUM
698	27	27
699	50	I×I
700	77	GE
701	06	06
702	47	47
703	82	HIR
704	16	16
705	32	X:T
706	02	2
707	77	GE
708	06	06
709	47	47
710	89	π
711	82	HIR
712	67	67
713	22	INV
714	86	STF
715	06	06
716	82	HIR
717	17	17
718	34	√X
719	92	RTN

(f) Funktions-Anwendungen

- *Beispiel 1.1-1:* Negative Werte des Parameters m lassen sich durch eine Funktionalgleichung *(Reflexionsformel)* berücksichtigen:

$$\Theta_1^4(x\,|\,m) = -\Theta_1^4\left(x \,\middle|\, \frac{m}{m-1}\right)$$

$$\Theta_2^4(x\,|\,m) = -\Theta_2^4\left(x \,\middle|\, \frac{m}{m-1}\right)$$

$$\Theta_3(x\,|\,m) = \Theta_4\left(x \,\middle|\, \frac{m}{m-1}\right)$$

$$\Theta_4(x\,|\,m) = \Theta_3\left(x \,\middle|\, \frac{m}{m-1}\right)$$

Man berechne $\Theta_3(0.4\,|\,-3)$. –
Es kommt $\Theta_3(0.4\,|\,-3) = \Theta_4(0.4\,|\,\frac{3}{4}) = 1.138853900$, Tastenfolge .4 A′ .75 B′ D

- *Beispiel 1.1-2:* Werte des Parameters m, die über 1 liegen, lassen sich durch eine Funktionalgleichung *(Inversionsformel)* berücksichtigen:

$$\Theta_1^4(x\,|\,m) = -\frac{1}{m}\Theta_1^4\left(x \,\middle|\, \frac{1}{m}\right)$$

$$\Theta_2(x\,|\,m) = \Theta_3\left(x \,\middle|\, \frac{1}{m}\right)$$

$$\Theta_3(x\,|\,m) = \Theta_2\left(x \,\middle|\, \frac{1}{m}\right)$$

$$\Theta_4^4(x\,|\,m) = -\Theta_4^4\left(x \,\middle|\, \frac{1}{m}\right)$$

Man berechne $\Theta_3(0.4\,|\,9)$. –
Es kommt $\Theta_3(0.4\,|\,9) = \Theta_2(0.4\,|\,\frac{1}{9}) = 0.1810020926$, Tastenfolge .4 A′ 9 1/x B′ B

- *Beispiel 1.1-3: Aufsteigende Landen-Transformation.* Mit den Abkürzungen $k = \sqrt{m}$ und $M = 4k/(1+k)^2$ gilt

$$\Theta_1(x\,|\,m) = \frac{1}{\Theta_{04}(m)}\Theta_1(\tfrac{x}{2}\,|\,M)\,\Theta_2(\tfrac{x}{2}\,|\,M)$$

$$\Theta_2(x\,|\,m) = \frac{1}{2\,\Theta_{02}(m)}[\Theta_3^2(\tfrac{x}{2}\,|\,M) - \Theta_4^2(\tfrac{x}{2}\,|\,M)]$$

$$\Theta_3(x\,|\,m) = \frac{1}{2\,\Theta_{03}(m)}[\Theta_3^2(\tfrac{x}{2}\,|\,M) + \Theta_4^2(\tfrac{x}{2}\,|\,M)]$$

$$\Theta_4(x\,|\,m) = \frac{1}{\Theta_{04}(m)}\Theta_3(\tfrac{x}{2}\,|\,M)\,\Theta_4(\tfrac{x}{2}\,|\,M)$$

Man teste die Theta-Routinen mit der Berechnung von $\Theta_3(\frac{1}{5}\,|\,\frac{4}{9})$. –
Mit $m = \frac{4}{9}$ wird $k = \frac{2}{3}$, $M = \frac{24}{25}$. Es kommt $\Theta_3(\frac{1}{5}\,|\,\frac{4}{9}) =$

$= \frac{1}{2\,\Theta_{03}(\frac{4}{9})}[\Theta_3^2(\frac{1}{10}\,|\,\frac{24}{25}) + \Theta_4^2(\frac{1}{10}\,|\,\frac{24}{25})] = 1.022660897$, Tastenfolge .1 A′ 24 ÷ 25 = B′ C x^2 +
RCL 26 D x^2 = ÷ 0 A′ (4 ÷ 9) B′ C ÷ 2 =

Kontrolle: auf direktem Weg erhält man $\Theta_3(\frac{1}{5}\,|\,\frac{4}{9}) = 1.022660897$, Tastenfolge .2 A′ 4 ÷ 9 = B′ C

- *Beispiel 1.1-4: Absteigende Landen-Transformation.* (Umkehrung zur aufsteigenden Landen-Transformation aus Beispiel 1.1-3.) Mit den Abkürzungen $\kappa = \sqrt{1-m}$ und $\mu = [(1-\kappa)/(1+\kappa)]^2$ gilt

$$\Theta_1(x\,|\,\mu) = \frac{1}{N_4}\,\Theta_1(\tfrac{x}{2}\,|\,m)\,\Theta_2(\tfrac{x}{2}\,|\,m) \quad \text{mit} \quad N_4 = \Theta_{04}(\mu) = \sqrt{\Theta_{03}(m)\,\Theta_{04}(m)}$$

$$\Theta_2(x\,|\,\mu) = \frac{1}{N_2}\,[\Theta_3^2(\tfrac{x}{2}\,|\,m) - \Theta_4^2(\tfrac{x}{2}\,|\,m)] \quad \text{mit} \quad N_2 = 2\,\Theta_{02}(\mu) = \sqrt{2\,[\Theta_{03}^2(m) - \Theta_{04}^2(m)]}$$

$$\Theta_3(x\,|\,\mu) = \frac{1}{N_3}\,[\Theta_3^2(\tfrac{x}{2}\,|\,m) + \Theta_4^2(\tfrac{x}{2}\,|\,m)] \quad \text{mit} \quad N_3 = 2\,\Theta_{03}(\mu) = \sqrt{2\,[\Theta_{03}^2(m) + \Theta_{04}^2(m)]}$$

$$\Theta_4(x\,|\,\mu) = \frac{1}{N_4}\,\Theta_3(\tfrac{x}{2}\,|\,m)\,\Theta_4(\tfrac{x}{2}\,|\,m)$$

Man teste die Theta-Routinen mit der Berechnung von $\Theta_4(x\,|\,\mu)$ für $x = 1/5$, $m = 8/9$. –
Mit $m = \frac{8}{9}$ wird $\kappa = \frac{1}{3}$, $\mu = \frac{1}{4}$. Es kommt $\Theta_4(\frac{1}{5}\,|\,\frac{1}{4}) =$
$= \dfrac{1}{\Theta_{04}(\frac{1}{4})}\,\Theta_3(\frac{1}{10}\,|\,\frac{8}{9})\,\Theta_4(\frac{1}{10}\,|\,\frac{8}{9}) = 0.9888922852$, Tastenfolge .1 A' 8 ÷ 9 = B' C X RCL 26 D ÷ 0 A' 4 1/x B' D =

Kontrolle: auf direktem Weg erhält man $\Theta_4(\frac{1}{5}\,|\,\frac{1}{4}) = 0.9888922852$, Tastenfolge .2 A' 4 1/x B' D

- *Beispiel 1.1-5: Aufsteigende Gauß-Transformation.* Mit den Abkürzungen $k = \sqrt{m}$ und $M = 4k/(1+k)^2$ gilt

$$\Theta_1(x\,|\,M) = \frac{1}{n_2}\,\Theta_1(x\,|\,m)\,\Theta_4(x\,|\,m) \quad \text{mit} \quad n_2 = \tfrac{1}{2}\,\Theta_{02}(M) = \sqrt{\tfrac{1}{2}\,\Theta_{02}(m)\,\Theta_{03}(m)}$$

$$\Theta_2(x\,|\,M) = \frac{1}{n_2}\,\Theta_2(x\,|\,m)\,\Theta_3(x\,|\,m)$$

$$\Theta_3(x\,|\,M) = \frac{1}{n_3}\,[\Theta_3^2(x\,|\,m) + \Theta_2^2(x\,|\,m)] \quad \text{mit} \quad n_3 = \Theta_{03}(M) = \sqrt{\Theta_{03}^2(m) + \Theta_{02}^2(m)}$$

$$\Theta_4(x\,|\,M) = \frac{1}{n_4}\,[\Theta_3^2(x\,|\,m) - \Theta_2^2(x\,|\,m)] \quad \text{mit} \quad n_4 = \Theta_{04}(M) = \sqrt{\Theta_{03}^2(m) - \Theta_{02}^2(m)}$$

Man teste die Theta-Routinen mit der Berechnung von $\Theta_2(x\,|\,M)$ für $x = 1/5$, $m = 4/9$. –
Mit $m = \frac{4}{9}$ wird $k = \frac{2}{3}$, $M = \frac{24}{25}$. Es kommt $\Theta_2(\frac{1}{5}\,|\,\frac{24}{25}) =$
$= \dfrac{2}{\Theta_{02}(\frac{24}{25})}\,\Theta_2(\frac{1}{5}\,|\,\frac{4}{9})\,\Theta_3(\frac{1}{5}\,|\,\frac{4}{9}) = 1.055297036$, Tastenfolge .2 A' 4 ÷ 9 = B' B X RCL 26 C ÷ 0 A' (24 ÷ 25) B' B X 2 =

Kontrolle: auf direktem Weg erhält man $\Theta_2(\frac{1}{5}\,|\,\frac{24}{25}) = 1.055297036$, Tastenfolge .2 A' 24 ÷ 25 = B' B

- *Beispiel 1.1-6: Absteigende Gauß-Transformation.* (Umkehrung zur aufsteigenden Gauß-Transformation aus Beispiel 1.1-5.) Mit den Abkürzungen $\kappa = \sqrt{1-m}$ und $\mu = [(1-\kappa)/(1+\kappa)]^2$ gilt

$$\Theta_1(x|m) = \frac{2}{\Theta_{02}(m)} \Theta_1(x|\mu)\, \Theta_4(x|\mu)$$

$$\Theta_2(x|m) = \frac{2}{\Theta_{02}(m)} \Theta_2(x|\mu)\, \Theta_3(x|\mu)$$

$$\Theta_3(x|m) = \frac{1}{\Theta_{03}(m)} [\Theta_3^2(x|\mu) + \Theta_2^2(x|\mu)]$$

$$\Theta_4(x|m) = \frac{1}{\Theta_{04}(m)} [\Theta_3^2(x|\mu) - \Theta_2^2(x|\mu)]$$

Man teste die Theta-Routinen mit der Berechnung von $\Theta_1(\frac{1}{5}|\frac{8}{9})$. –
Mit $m = \frac{8}{9}$ wird $\kappa = \frac{1}{3}$, $\mu = \frac{1}{4}$. Es kommt $\Theta_1(\frac{1}{5}|\frac{8}{9}) = \frac{2}{\Theta_{02}(\frac{8}{9})} \Theta_1(\frac{1}{5}|\frac{1}{4})\, \Theta_4(\frac{1}{5}|\frac{1}{4}) =$
$= 0.6906497809$, Tastenfolge .2 A' 4 1/x B' A X RCL 26 D ÷ 0 A' (8 ÷ 9) B' B X 2 =

Kontrolle: auf direktem Weg erhält man $\Theta_1(\frac{1}{5}|\frac{8}{9}) = 0.6906497809$, Tastenfolge .2 A' 8 ÷ 9 = B' A

- *Beispiel 1.1-7: Imaginäres Argument.* Es gilt

$$\frac{1}{i} \Theta_1(ix|m) = c\, \Theta_1(y|1-m) \quad \text{mit} \quad y = x\, w(1-m) = x/w(m)$$

und $c = \sqrt{w(1-m)} \exp[\pi x^2 w(1-m)] = [1/\sqrt{w(m)}] \exp[\pi x^2/w(m)]$

$$\Theta_2(ix|m) = c\, \Theta_4(y|1-m)$$
$$\Theta_3(ix|m) = c\, \Theta_3(y|1-m)$$
$$\Theta_4(ix|m) = c\, \Theta_2(y|1-m) \qquad (i = \sqrt{-1})$$

Man berechne $\Theta_3(\frac{3}{4} i|\frac{1}{5})$. –
Mit $x = \frac{3}{4}$ und $m = \frac{1}{5}$ wird $y = \frac{3}{4} w(\frac{4}{5})$ und $c = \sqrt{w(\frac{4}{5})} \exp[\frac{9\pi}{16} w(\frac{4}{5})]$. Es kommt $\Theta_3(\frac{3}{4} i|\frac{1}{5}) =$
$= \sqrt{w(\frac{4}{5})} \exp[\frac{9\pi}{16} w(\frac{4}{5})]\, \Theta_3(\frac{3}{4} w(\frac{4}{5})|\frac{4}{5}) = 2.552681463$, Tastenfolge .8 B' X .75 = A' RCL 26 C X (RCL 26 X 9 X π ÷ 16) INV ln x X RCL 26 √x =

- *Beispiel 1.1-8:* Für $x = 0$ folgen aus Beispiel 1.1-7 reelle Transformationen (Reflexionsformeln) für die Theta-Null-Funktionen:

$$\Theta_{02}(m) = \sqrt{w(1-m)}\, \Theta_{04}(1-m)$$

$$\Theta_{03}(m) = \sqrt{w(1-m)}\, \Theta_{03}(1-m)$$

$$\Theta_{04}(m) = \sqrt{w(1-m)}\, \Theta_{02}(1-m)$$

Mit der letzten Beziehung teste man die Theta-Routinen (Testwert $m = 1/4$). –
Es kommt $\Theta_{04}(1/4) = \sqrt{w(3/4)}\, \Theta_{02}(3/4) = 0.9640554346$, Tastenfolge 0 A' .75 B' B X RCL 26 √x =

Kontrolle: auf direktem Weg erhält man $\Theta_{04}(1/4) = 0.9640554346$, Tastenfolge 0 A' 4 1/x B' D

- *Beispiel 1.1-9:* Zwischen den Quadraten der Theta-Funktionen bestehen die Beziehungen

$$\Theta_1^2(x|m) = \sqrt{m}\,\Theta_4^2(x|m) - \sqrt{1-m}\,\Theta_2^2(x|m)$$
$$\Theta_2^2(x|m) = \sqrt{m}\,\Theta_3^2(x|m) - \sqrt{1-m}\,\Theta_1^2(x|m)$$
$$\Theta_3^2(x|m) = \sqrt{m}\,\Theta_2^2(x|m) + \sqrt{1-m}\,\Theta_4^2(x|m)$$
$$\Theta_4^2(x|m) = \sqrt{m}\,\Theta_1^2(x|m) + \sqrt{1-m}\,\Theta_3^2(x|m)$$

Für $x = 0$ folgt für die Theta-Null-Funktionen

$$\Theta_{02}^4(m)/\Theta_{03}^4(m) = m, \qquad \Theta_{04}^4(m)/\Theta_{03}^4(m) = 1 - m.$$

Damit teste man die Theta-Routinen (Testwert $m = 1/3$). –
Es ergibt sich $\Theta_{02}^4(1/3)/\Theta_{03}^4(1/3) = 0.3333333333$, Tastenfolge 0 A′ 3 1/x B′ B x^2 x^2 ÷ RCL 26 C x^2 x^2 STO 00 =, und $\Theta_{04}^4(1/3)/\Theta_{03}^4(1/3) = 0.6666666667$, Tastenfolge RCL 26 D x^2 x^2 ÷ RCL 00 =

- *Beispiel 1.1-10:* Zwischen den vierten Potenzen der Theta-Funktionen besteht die Beziehung

$$\Theta_1^4(x|m) + \Theta_3^4(x|m) = \Theta_2^4(x|m) + \Theta_4^4(x|m)$$

Für $x = 0$ erhält man für die Theta-Null-Funktionen

$$\Theta_{03}^4(m) = \Theta_{02}^4(m) + \Theta_{04}^4(m)$$

(folgt auch aus Beispiel 1.1-9). Damit teste man die Theta-Routinen (Testwert $m = 0.6$). –
Links ergibt sich $\Theta_{03}^4(0.6) = 1.540412060$, Tastenfolge 0 A′ 6 B′ C x^2 x^2, und rechts kommt $\Theta_{02}^4(0.6) + \Theta_{04}^4(0.6) = 1.540412060$, Tastenfolge RCL 26 B x^2 x^2 + RCL 26 D x^2 x^2 =

- *Beispiel 1.1-11:* Wegen $(\Theta_{02}/\Theta_{03})^4 = m$ und $(\Theta_{04}/\Theta_{03})^4 = 1 - m$ (Beispiel 1.1-9) gilt für die achten Potenzen der Theta-Null-Funktionen die Beziehung[1)]

$$\frac{[\Theta_{02}^8(m) + \Theta_{03}^8(m) + \Theta_{04}^8(m)]^3}{\Theta_{02}^8(m)\,\Theta_{03}^8(m)\,\Theta_{04}^8(m)} = \frac{[m^2 + 1 + (1-m)^2]^3}{m^2(1-m)^2} = 8\,\frac{(1-m+m^2)^3}{m^2(1-m)^2}$$

Damit teste man die Theta-Routinen (Testwert $m = 1/5$). –
Mit $m = 1/5$ ergibt die rechte Seite den Wert $21^3/50 = 185.22$ (exakt). Die linke Seite liefert 185.22, Tastenfolge 0 A′ .2 B′ B x^2 x^2 x^2 STO 00 + RCL 26 C x^2 x^2 x^2 Prd 00 + RCL 26 D x^2 x^2 x^2 Prd 00 = X x^2 ÷ RCL 00 =

- *Beispiel 1.1-12:* Für $x = 1/2$ gilt

$$\Theta_1(\tfrac{1}{2}|m) = \Theta_{02}(m) = m^{1/4}\sqrt{\tfrac{2}{\pi}K(m)}$$
$$\Theta_2(\tfrac{1}{2}|m) = 0$$
$$\Theta_3(\tfrac{1}{2}|m) = \Theta_{04}(m) = (1-m)^{1/4}\sqrt{\tfrac{2}{\pi}K(m)}$$
$$\Theta_4(\tfrac{1}{2}|m) = \Theta_{03}(m) = \sqrt{\tfrac{2}{\pi}K(m)}$$

---

1) Vgl. *Hancock, H.* (1910/1958): Theory of Elliptic Functions. (Ch. XVIII, Example 5.) Dover, New York.

Mit der ersten und zweiten Gleichung teste man die Theta-Routinen (Testwert m = 1/9). –

(I) Die linke Seite ergibt $\Theta_1\,(\frac{1}{2}\,|\,\frac{1}{9}) = 0.5858499169$, Tastenfolge .5 A' 9 1/x B' A. In der Mitte kommt $\Theta_{02}\,(\frac{1}{9}) = 0.5858499169$, Tastenfolge 0 A' RCL 26 B. Die rechte Seite liefert $\frac{1}{\sqrt{3}}\sqrt{\frac{2}{\pi}\,K(\frac{1}{9})} = 0.5858499169$, Tastenfolge RCL 26 C' X 2 ÷ π ÷ 3 = √x

(II) Man erhält $\Theta_2\,(\frac{1}{2}\,|\,\frac{1}{9}) = 0$, Tastenfolge .5 A' RCL 26 B

- *Beispiel 1.1-13:* Für x = 1/4 gilt mit der Abkürzung $\kappa = \sqrt{1-m}$

$$\Theta_1\,(\tfrac{1}{4}\,|\,m) = \Theta_2\,(\tfrac{1}{4}\,|\,m) = \left[\frac{(1-\kappa)\sqrt{\kappa}}{2}\right]^{1/4}\sqrt{\tfrac{2}{\pi}\,K(m)}$$

$$\Theta_3\,(\tfrac{1}{4}\,|\,m) = \Theta_4\,(\tfrac{1}{4}\,|\,m) = \left[\frac{(1+\kappa)\sqrt{\kappa}}{2}\right]^{1/4}\sqrt{\tfrac{2}{\pi}\,K(m)}$$

$(-\infty < m < 1;$ für Programm 1.1: $0 \leqslant m < 1)$

Mit der letzten Gleichung teste man die Theta-Routinen (Testwert m = 8/9). –
Für $m = \frac{8}{9}$ wird $\kappa = \frac{1}{3}$. Die linke Seite ergibt $\Theta_3\,(\frac{1}{4}\,|\,\frac{8}{9}) = \Theta_4\,(\frac{1}{4}\,|\,\frac{8}{9}) = 0.9993539866$, Tastenfolge 4 1/x A' 8 ÷ 9 = B' C [für Θ_3] und RCL 26 D [für Θ_4]. Die rechte Seite liefert $[2/(3\sqrt{3})]^{1/4}\sqrt{(2/\pi)\,K(8/9)} = 0.9993539866$, Tastenfolge RCL 26 C' X 2 ÷ π = √x X (2 ÷ (3 X √x)) √x √x =

- *Beispiel 1.1-14:* Die Beziehungen aus Beispiel 1.1-13 lassen sich darstellen in der Form

$$\Theta_1\,(\tfrac{1}{4}\,|\,m) = \Theta_2\,(\tfrac{1}{4}\,|\,m) = \left[\frac{\sqrt{\kappa}}{2\,(1+\kappa)}\right]^{1/4}\Theta_{02}\,(m)$$

$$\Theta_3\,(\tfrac{1}{4}\,|\,m) = \Theta_4\,(\tfrac{1}{4}\,|\,m) = \left[\frac{(1+\kappa)\sqrt{\kappa}}{2}\right]^{1/4}\Theta_{03}\,(m)$$

mit $\kappa = \sqrt{1-m}$ $(-\infty < m < 1;$ für Programm 1.1: $0 \leqslant m < 1)$

Mit der ersten Gleichung teste man die Theta-Routinen (Testwert m = 3/4). –
Für $m = \frac{3}{4}$ wird $\kappa = \frac{1}{2}$. Die linke Seite ergibt $\Theta_1\,(\frac{1}{4}\,|\,\frac{3}{4}) = \Theta_2\,(\frac{1}{4}\,|\,\frac{3}{4}) = 0.7597533453$, Tastenfolge 4 1/x A' .75 B' A [für Θ_1] und RCL 26 B [für Θ_2]. Die rechte Seite liefert $[1/(3\sqrt{2})^{1/4}]\,\Theta_{02}\,(3/4) = 0.7597533453$, Tastenfolge 0 A' RCL 26 B ÷ (3 X 2 √x) √x √x =

- *Beispiel 1.1-15: Additionsformeln* (Auswahl):

$$\Theta_1\,[x+y,w]\,\Theta_1\,[x-y,w]\,\Theta_{04}^2\,[w] = \Theta_3^2\,[x,w]\,\Theta_2^2\,[y,w] - \Theta_2^2\,[x,w]\,\Theta_3^2\,[y,w]$$
$$\Theta_2\,[x+y,w]\,\Theta_2\,[x-y,w]\,\Theta_{04}^2\,[w] = \Theta_4^2\,[x,w]\,\Theta_2^2\,[y,w] - \Theta_1^2\,[x,w]\,\Theta_3^2\,[y,w]$$
$$\Theta_3\,[x+y,w]\,\Theta_3\,[x-y,w]\,\Theta_{04}^2\,[w] = \Theta_4^2\,[x,w]\,\Theta_3^2\,[y,w] - \Theta_1^2\,[x,w]\,\Theta_2^2\,[y,w]$$
$$\Theta_4\,[x+y,w]\,\Theta_4\,[x-y,w]\,\Theta_{04}^2\,[w] = \Theta_3^2\,[x,w]\,\Theta_3^2\,[y,w] - \Theta_2^2\,[x,w]\,\Theta_2^2\,[y,w]$$

Für y = 0 erhält man Beziehungen zwischen den Quadraten der Theta-Funktionen (die jenen aus Beispiel 1.1-9 entsprechen):

$$\Theta_1^2\,[x,w]\,\Theta_{04}^2\,[w] = \Theta_3^2\,[x,w]\,\Theta_{02}^2\,[w] - \Theta_2^2\,[x,w]\,\Theta_{03}^2\,[w]$$
$$\Theta_2^2\,[x,w]\,\Theta_{04}^2\,[w] = \Theta_4^2\,[x,w]\,\Theta_{02}^2\,[w] - \Theta_1^2\,[x,w]\,\Theta_{03}^2\,[w]$$
$$\Theta_3^2\,[x,w]\,\Theta_{04}^2\,[w] = \Theta_4^2\,[x,w]\,\Theta_{03}^2\,[w] - \Theta_1^2\,[x,w]\,\Theta_{02}^2\,[w]$$
$$\Theta_4^2\,[x,w]\,\Theta_{04}^2\,[w] = \Theta_3^2\,[x,w]\,\Theta_{03}^2\,[w] - \Theta_2^2\,[x,w]\,\Theta_{02}^2\,[w]$$

Aus der letzten Beziehung folgt für $x = 0$ eine Identität zwischen den Theta-Null-Funktionen (die jener aus Beispiel 1.1-10 entspricht):

$$\Theta_{03}^4[w] = \Theta_{02}^4[w] + \Theta_{04}^4[w]$$

Damit teste man die Theta-Routinen (Testwert $w = 0.6$). –
Die linke Seite ergibt $\Theta_{03}^4[0.6] = 2.897936175$, Tastenfolge 0 A' .6 C x^2 x^2. Die rechte Seite liefert $\Theta_{02}^4[0.6] + \Theta_{04}^4[0.6] = 2.897936175$, Tastenfolge .6 B x^2 x^2 + .6 D x^2 x^2 =

- *Beispiel 1.1-16: Verdopplungsformeln* bezüglich x (Auswahl):

$$\Theta_1[2x, w]\,\Theta_{02}[w]\,\Theta_{03}[w]\,\Theta_{04}[w] = 2\,\Theta_1[x, w]\,\Theta_2[x, w]\,\Theta_3[x, w]\,\Theta_4[x, w]$$

$$\Theta_2[2x, w]\,\Theta_{02}[w]\,\Theta_{04}^2[w] = \Theta_2^2[x, w]\,\Theta_4^2[x, w] - \Theta_1^2[x, w]\,\Theta_3^2[x, w]$$

$$\Theta_3[2x, w]\,\Theta_{03}[w]\,\Theta_{04}^2[w] = \Theta_3^2[x, w]\,\Theta_4^2[x, w] - \Theta_1^2[x, w]\,\Theta_2^2[x, w]$$

$$\Theta_4[2x, w]\,\Theta_{04}^3[w] = \Theta_3^4[x, w] - \Theta_2^4[x, w] = \Theta_4^4[x, w] - \Theta_1^4[x, w]$$

(Für Θ_2, Θ_3, Θ_4 folgen diese Beziehungen aus Beispiel 1.1-15 für $y = x$.) Mit der letzten Gleichung teste man die Theta-Routinen (Testwert $x = 1/4$, $w = 1$). –
Es kommt $\Theta_4[\frac{1}{2}, 1]\,\Theta_{04}^3[1] = 0.8284040129$, Tastenfolge 0 A' 1 D X x^2 X .5 A' 1 D =; ferner $\Theta_3^4[\frac{1}{4}, 1] - \Theta_2^4[\frac{1}{4}, 1] = 0.8284040129$, Tastenfolge 4 1/x A' 1 C x^2 x^2 − 1 B x^2 x^2 =; schließlich $\Theta_4^4[\frac{1}{4}, 1] - \Theta_1^4[\frac{1}{4}, 1] = 0.8284040129$, Tastenfolge 1 D x^2 x^2 − 1 A x^2 x^2 =

- *Beispiel 1.1-17: Landen-Transformation* (Verdopplungsformel bezüglich w):

$$\Theta_1[x, 2w] = \frac{1}{N_4}\,\Theta_1[\tfrac{x}{2}, w] \quad \text{mit} \quad N_4 = \Theta_{04}[2w] = \sqrt{\Theta_{03}[w]\,\Theta_{04}[w]}$$

$$\Theta_2[x, 2w] = \frac{1}{N_2}\,(\Theta_3^2[\tfrac{x}{2}, w] - \Theta_4^2[\tfrac{x}{2}, w]) \quad \text{mit} \quad N_2 = 2\,\Theta_{02}[2w] = \sqrt{2\,(\Theta_{03}^2[w] - \Theta_{04}^2[w])}$$

$$\Theta_3[x, 2w] = \frac{1}{N_3}\,(\Theta_3^2[\tfrac{x}{2}, w] + \Theta_4^2[\tfrac{x}{2}, w]) \quad \text{mit} \quad N_3 = 2\,\Theta_{03}[2w] = \sqrt{2\,(\Theta_{03}^2[w] + \Theta_{04}^2[w])}$$

$$\Theta_4[x, 2w] = \frac{1}{N_4}\,\Theta_3[\tfrac{x}{2}, w]\,\Theta_4[\tfrac{x}{2}, w]$$

Man teste die Theta-Routinen mit der Berechnung von $\Theta_3[x, 2w]$ für $x = 1/4$, $w = 0.35$. –

Es kommt $\Theta_3[\frac{1}{4}, 0.7] = \dfrac{1}{2\,\Theta_{03}[0.7]}\,(\Theta_3^2[\frac{1}{8}, 0.35] + \Theta_4^2[\frac{1}{8}, 0.35]) = 0.9996974646$,

Tastenfolge 8 1/x A' .35 C x^2 + .35 D x^2 = ÷ 0 A' .7 C ÷ 2 =

Kontrolle: auf direktem Weg erhält man $\Theta_3[\frac{1}{4}, 0.7] = 0.9996974646$, Tastenfolge 4 1/x A' .7 C

- *Beispiel 1.1-18: Gauß-Transformation* (Halbierungsformel bezüglich w):

$$\Theta_1[x, \tfrac{w}{2}] = \frac{1}{n_2}\,\Theta_1[x, w]\,\Theta_4[x, w] \quad \text{mit} \quad n_2 = \tfrac{1}{2}\,\Theta_{02}[\tfrac{w}{2}] = \sqrt{\tfrac{1}{2}\,\Theta_{02}[w]\,\Theta_{03}[w]}$$

$$\Theta_2[x, \tfrac{w}{2}] = \frac{1}{n_2}\,\Theta_2[x, w]\,\Theta_3[x, w]$$

$$\Theta_3[x, \tfrac{w}{2}] = \frac{1}{n_3}\,(\Theta_3^2[x, w] + \Theta_2^2[x, w]) \quad \text{mit} \quad n_3 = \Theta_{03}[\tfrac{w}{2}] = \sqrt{\Theta_{03}^2[w] + \Theta_{02}^2[w]}$$

$$\Theta_4[x, \tfrac{w}{2}] = \frac{1}{n_4}\,(\Theta_3^2[x, w] - \Theta_2^2[x, w]) \quad \text{mit} \quad n_4 = \Theta_{04}[\tfrac{w}{2}] = \sqrt{\Theta_{03}^2[w] - \Theta_{02}^2[w]}$$

Man teste die Theta-Routinen mit der Berechnung von $\Theta_1\,[x, \frac{w}{2}]$ für $x = 1/4$, $w = 1.4$. –
Es kommt $\Theta_1\,[\frac{1}{4}, 0.7] = \frac{2}{\Theta_{02}\,[0.7]}\,\Theta_1\,[\frac{1}{4}, 1.4]\,\Theta_4\,[\frac{1}{4}, 1.4] = 0.8060718786$, Tastenfolge 4 1/x A' 1.4 A X 1.4 D ÷ 0 A' .7 B X 2 =

Kontrolle: auf direktem Weg erhält man $\Theta_1\,[\frac{1}{4}, 0.7] = 0.8060718786$, Tastenfolge 4 1/x A' .7 A

- *Beispiel 1.1-19: Viertelungsformel* bezüglich w:

$$\Theta_3\,[x, \tfrac{w}{4}] = \Theta_3\,[2x, w] + \Theta_2\,[2x, w]$$
$$\Theta_4\,[x, \tfrac{w}{4}] = \Theta_3\,[2x, w] - \Theta_2\,[2x, w]$$

Für x = 0 folgen Viertelungsformeln für die Theta-Null-Funktionen:

$$\Theta_{03}\,[\tfrac{w}{4}] = \Theta_{03}\,[w] + \Theta_{02}\,[w]$$
$$\Theta_{04}\,[\tfrac{w}{4}] = \Theta_{03}\,[w] - \Theta_{02}\,[w]$$

Mit der letzten Beziehung teste man die Theta-Routinen (Testwert w = 2). –
Es kommt $\Theta_{04}\,[0.5] = \Theta_{03}\,[2] - \Theta_{02}\,[2] = 0.5879742829$, Tastenfolge 0 A' 2 C – 2 B =

Kontrolle: auf direktem Weg erhält man $\Theta_{04}\,[0.5] = 0.5879742829$, Tastenfolge .5 D

Folgerungen. Unter Mitverwendung der Beziehungen $\Theta_1\,[x, w] = \Theta_2\,[\frac{1}{2} - x, w]$ und $\Theta_4\,[x, w] = \Theta_3\,[\frac{1}{2} - x, w]$ kann man die Θ_1, Θ_2, Θ_4-Funktionen allein durch die Θ_3-Funktion ausdrücken:

$$\Theta_1\,[x, w] = \Theta_3\,[\tfrac{1}{2} - x, w] - \Theta_3\,[\tfrac{1}{4} + \tfrac{x}{2}, \tfrac{w}{4}] = \Theta_3\,[\tfrac{1}{4} - \tfrac{x}{2}, \tfrac{w}{4}] - \Theta_3\,[\tfrac{1}{2} - x, w]$$
$$\Theta_2\,[x, w] = \Theta_3\,[x, w] - \Theta_3\,[\tfrac{1-x}{2}, \tfrac{w}{4}] = \Theta_3\,[\tfrac{x}{2}, \tfrac{w}{4}] - \Theta_3\,[x, w]$$
$$\Theta_4\,[x, w] = \Theta_3\,[\tfrac{1}{2} - x, w] = 2\,\Theta_3\,[2x, 4w] - \Theta_3\,[x, w]$$

Für x = 0 erhält man Θ_{02} und Θ_{04} ausgedrückt durch Θ_{03}:

$$\Theta_{02}\,[w] = \Theta_{03}\,[\tfrac{w}{4}] - \Theta_{03}\,[w]$$
$$\Theta_{04}\,[w] = 2\,\Theta_{03}\,[4w] - \Theta_{03}\,[w]$$

- *Beispiel 1.1-20: Imaginäres Argument.* Es gilt

$$\frac{1}{i}\,\Theta_1\,[ix, w] = a\,\Theta_1\,[\tfrac{x}{w}, \tfrac{1}{w}] \quad \text{mit} \quad a = \frac{1}{\sqrt{w}}\exp\left(x^2\,\frac{\pi}{w}\right)$$
$$\Theta_2\,[ix, w] = a\,\Theta_4\,[\tfrac{x}{w}, \tfrac{1}{w}]$$
$$\Theta_3\,[ix, w] = a\,\Theta_3\,[\tfrac{x}{w}, \tfrac{1}{w}]$$
$$\Theta_4\,[ix, w] = a\,\Theta_2\,[\tfrac{x}{w}, \tfrac{1}{w}] \qquad (i = \sqrt{-1})$$

Man berechne $\Theta_4\,[\frac{3}{4}\,i\,|\,2]$. –
Es kommt $\Theta_4\,[\frac{3}{4}\,i\,|\,2] = \frac{1}{\sqrt{2}}\exp(9\pi/32)\,\Theta_2\,[\frac{3}{8}, \frac{1}{2}] = 0.7921037986$, Tastenfolge 3 ÷ 8 = A' .5 B X (9 x π ÷ 32) INV lnx ÷ 2 √x =

Bemerkung: Die Reihenentwicklungen Gl. (1.5)–(1.8) beruhen auf obigen Beziehungen (unter Ersatz von x durch i x):

$$\Theta_1[x, w] = \frac{1}{i} b\, \Theta_1[\tfrac{ix}{w}, \tfrac{1}{w}], \quad \Theta_2[x, w] = b\, \Theta_4[\tfrac{ix}{w}, \tfrac{1}{w}], \quad \Theta_3[x, w] = b\, \Theta_3[\tfrac{ix}{w}, \tfrac{1}{w}],$$

$$\Theta_4[x, w] = b\, \Theta_2[\tfrac{ix}{w}, \tfrac{1}{w}] \quad \text{mit} \quad b = \frac{1}{\sqrt{w}} \exp\left(-x^2 \frac{\pi}{w}\right)$$

- *Beispiel 1.1-21:* Für x = 0 folgen aus Beispiel 1.1-20 reelle Transformationen (Inversionsformeln) für die Theta-Null-Funktionen:

$$\Theta_{02}[w] = \frac{1}{\sqrt{w}} \Theta_{04}[\tfrac{1}{w}]$$

$$\Theta_{03}[w] = \frac{1}{\sqrt{w}} \Theta_{03}[\tfrac{1}{w}]$$

$$\Theta_{04}[w] = \frac{1}{\sqrt{w}} \Theta_{02}[\tfrac{1}{w}]$$

Mit der letzten Beziehung teste man die Theta-Routinen (Testwert w = 2). –
Es kommt $\Theta_{04}[2] = \frac{1}{\sqrt{2}} \Theta_{02}[\frac{1}{2}] = 0.9962651146$, Tastenfolge 0 A' .5 B ÷ 2 $\sqrt{x}$ =

Kontrolle: auf direktem Weg erhält man $\Theta_{04}[2] = 0.9962651146$, Tastenfolge 2 D

Bemerkung: Für $w \to 0$ folgen wegen $\Theta_{04}[\infty] = 1$, $\Theta_{03}[\infty] = 1$ die asymptotischen Beziehungen

$$w \to 0: \quad \Theta_{02}[w] \sim \frac{1}{\sqrt{w}}, \qquad \Theta_{03}[w] \sim \frac{1}{\sqrt{w}}$$

- *Beispiel 1.1-22:* Funktionalgleichung (Reflexionsformel bezüglich m, *Inversionsformel* bezüglich w):

$$m[w] = 1 - m[1/w] \qquad (w \geqslant 0).$$

Für w = 2 gilt $m[2] = 1 - m[\frac{1}{2}] = (\sqrt{2} - 1)^4 = \tan^4(\pi/8) = 0.0294372515$. Damit teste man die m-Routine. –
Man erhält $m[2] = 0.0294372515$, Tastenfolge 2 D', und $1 - m[\frac{1}{2}] = 0.0294372515$, Tastenfolge 1 – .5 D' =

Bemerkung: Für $m\{q\}$ lautet die entsprechende Beziehung

$$m\{q\} = 1 - m\{\exp(\pi^2/\ln q)\}.$$

- *Beispiel 1.1-23:* Für w = 1 folgt aus Beispiel 1.1-22 die Beziehung $m[1] = 1/2$. Damit teste man die m-Routine. –
Es kommt $m[1] = 0.5$, Tastenfolge 1 D'

Bemerkung: Für $m\{q\}$ lautet die entsprechende Beziehung $m\{e^{-\pi}\} = 1/2$.

- *Beispiel 1.1-24:* *Halbierungsformel* bezüglich w. Es gilt die Funktionalgleichung

$$m[\tfrac{w}{2}] = M[w] = 1 - \left(\frac{1 - \sqrt{m[w]}}{1 + \sqrt{m[w]}}\right)^2 = \frac{4\sqrt{m[w]}}{(1 + \sqrt{m[w]})^2} \qquad (w \geqslant 0)$$

Man teste die m-Routine mit der Berechnung von m [w/2] für w = 1.4. –

Es kommt $m[0.7] = \dfrac{4\sqrt{m[1.4]}}{(1+\sqrt{m[1.4]})^2} = 0.8353354215$, Tastenfolge 1.4 D′ $\sqrt{x}$ ÷ (CE + 1) x^2 X 4 =

Kontrolle: auf direktem Weg erhält man m [0.7] = 0.8353354215, Tastenfolge .7 D′

Bemerkung: Für m {q} lautet die entsprechende Beziehung

$$m\{\sqrt{q}\} = M\{q\} = 1 - \left(\frac{1-\sqrt{m\{q\}}}{1+\sqrt{m\{q\}}}\right)^2 = \frac{4\sqrt{m\{q\}}}{(1+\sqrt{m\{q\}})^2}$$

- *Beispiel 1.1-25: Verdopplungsformel* bezüglich w. [Umkehrung zur Transformation aus Beispiel 1.1-24.] Es gilt die Funktionalgleichung

$$m[2w] = \mu[w] = \left(\frac{1-\sqrt{1-m[w]}}{1+\sqrt{1-m[w]}}\right)^2 = 1 - M[1/w] = \left(\frac{1-\sqrt{m[1/w]}}{1+\sqrt{m[1/w]}}\right)^2 \qquad (w \geqslant 0)$$

Man teste die m-Routine mit der Berechnung von m [2w] für w = 0.4. –

Es kommt $m[0.8] = \left(\dfrac{1-\sqrt{m[2.5]}}{1+\sqrt{m[2.5]}}\right)^2 = 0.7294903076$, Tastenfolge 2.5 D′ $\sqrt{x}$ – 1 = ÷ (CE + 2 = x^2

Kontrolle: auf direktem Weg erhält man m [0.8] = 0.7294903076, Tastenfolge .8 D′

Bemerkung: Für m {q} lautet die entsprechende Beziehung

$$m\{q^2\} = \mu\{q\} = \left(\frac{1-\sqrt{1-m\{q\}}}{1+\sqrt{1-m\{q\}}}\right)^2 = 1 - M\{\exp(\pi^2/\ln q)\} = \left(\frac{1-\sqrt{m\{\exp(\pi^2/\ln q)\}}}{1+\sqrt{m\{\exp(\pi^2/\ln q)\}}}\right)^2$$

- *Beispiel 1.1-26:* Mit den Beziehungen

$$m[\sqrt{2}] = (\sqrt{2}-1)^2 = \tan^2(\pi/8) = 0.1715728753$$
$$m[\sqrt{3}] = (\sqrt{3}-1)^2/8 = \sin^2(\pi/12) = 0.0669872981$$
$$m[2\sqrt{3}] = [(\sqrt{3}-\sqrt{2})(\sqrt{2}-1)]^4 = \tan^4(\pi/24) = 0.0003004114$$

teste man die m-Routine. –
Man erhält $m[\sqrt{2}] = 0.1715728753$, Tastenfolge 2 $\sqrt{x}$ D′; ferner $m[\sqrt{3}] = 0.0669872981$, Tastenfolge 3 $\sqrt{x}$ D′; schließlich $m[2\sqrt{3}] = 0.0003004114$, Tastenfolge 2 X 3 $\sqrt{x}$ = D′

- *Beispiel 1.1-27:* Mit der Beziehung $\lim_{q\to 0} \frac{1}{q}\, m\{q\} = 16$ teste man die m-Routine. –

Für die Testgröße $V\{q\} = \frac{1}{q}\, m\{q\}$ erhält man V {.01} = 14.787, V {.001} = 15.873, V {.0001} = 15.987, V {.00001} = 15.999, Tastenfolge im letzten Fall 100 000 X 1/x E′ D′ =

- *Beispiel 1.1-28:* Mit Programm 1.1 ist sowohl die Funktion w(m) als auch ihre Umkehrung m [w] auswertbar. Aus Beispiel 1.1-25 ist der Wert m [0.8] = 0.7294903076 bekannt; die Umkehrung lautet 0.8 = w (0.7294903076). Damit teste man die w(m)-Routine. –
Man erhält w (0.7294903076) = 0.8, Tastenfolge .7294903076 B′

- *Beispiel 1.1-29:* Mit Programm 1.1 ist sowohl die Funktion q(m) als auch ihre Umkehrung m {q} auswertbar: q(m) = q[w(m)] = exp[− π w(m)] und m {q} = m[w {q}]. Man teste die entsprechenden Routinen (Testwert m = 0.99). –

  (1) Es ist q (0.99) = exp[− π w (0.99)] = 0.2621962679, Tastenfolge .99 B' X π = +/− INV lnx

  (2) Mit m {q} = m[w {q}] kommt als Umkehrung m {0.2621962679} = 0.99, Tastenfolge (Fortsetzung) E' D'

- *Beispiel 1.1-30:* In [1] sind Beziehungen zwischen Parametern von elliptischen Funktionen angegeben:

w	K[1/w]	K[w]	k[1/w]	k[w]	γ[1/w]	q[1/w]
0.0	1.571	∞	0	1.000	0	0
0.1	1.571	15.71	0	1.000	0	0
0.2	1.571	7.855	0.00156	1.000	5.4'	0
0.3	1.571	5.237	0.0213	1.000	1°11.7'	0
0.4	1.573	3.933	0.0784	0.998	4°30'	0.0004
0.5	1.583	3.166	0.171	0.985	9°50'	0.0019
0.6	1.604	2.673	0.265	0.965	15°22'	0.0053
0.7	1.643	2.347	0.407	0.913	24° 0'	0.0114
0.8	1.699	2.124	0.520	0.853	31°23'	0.0197
0.9	1.768	1.966	0.622	0.784	38°30'	0.0307
1.0	1.854	1.854	0.707	0.707	45°	0.0432

Man erstelle analoge Tabellen mit größerer Genauigkeit [w = 0 (.1) 1, 8D]. –

(I) *Die Parameter* K, k, γ, q *als Funktionen des inversen Enneper-Parameters* 1/w.

Zusatzroutinen zur Ausgabe von K, k = $\sqrt{m}$, γ = arc sin k, q[1/w] = exp(− π/w):

für K[1/w]:

```
76 LBL
15  E
35 1/X
18 C'
58 FIX
08  08
99 PRT
92 RTN
```

für k[1/w]:

```
76 LBL
15  E
35 1/X
19 D'
34 √X
58 FIX
08  08
99 PRT
92 RTN
```

für γ[1/w]:

```
76 LBL
15  E
35 1/X
19 D'
34 √X
60 DEG
22 INV
38 SIN
22 INV
88 DMS
58 FIX
08  08
99 PRT
92 RTN
```

für q[1/w]:

```
76 LBL
15  E
35 1/X
65  X
89  π
95  =
94 +/-
22 INV
23 LNX
58 FIX
08  08
99 PRT
92 RTN
```

[1] *Morse, P. M.*, and *H. Feshbach* (1953): Methods of Theoretical Physics. (Part I, p. 487: Relations between Parameters of Elliptic Functions.) McGraw-Hill, New York. [In der Original-Tabelle ist w durch 1/w ersetzt.]

Nach Eingabe von w und Aufruf der jeweiligen Zusatzroutine (Taste E) erhält man folgende Ergebnisse:

w	K[1/w]	k[1/w]	γ[1/w]	q[1/w]
0.0	1.57079633	0.00000000	0° 00′ 00″0000	0.00000000
0.1	1.57079633	0.00000000	0 00 00 0000	0.00000000
0.2	1.57079727	0.00155281	0 05 20 2907	0.00000015
0.3	1.57097427	0.02128385	1 13 10 4409	0.00002832
0.4	1.57323643	0.07868928	4 30 47 6259	0.00038820
0.5	1.58255173	0.17157288	9 52 45 4150	0.00186744
0.6	1.60441065	0.28569894	16 36 02 2765	0.00532157
0.7	1.64223396	0.40578883	23 56 26 0485	0.01124323
0.8	1.69703327	0.52010546	31 20 21 5736	0.01970287
0.9	1.76815613	0.62155420	38 25 46 9907	0.03048079
1.0	1.85407468	0.70710678	45 00 00 0000	0.04321392

(II) *Die Parameter* K, k, γ, q *als Funktionen des Enneper-Parameters* w.

Zusatzroutinen zur Ausgabe von K, $k = \sqrt{m}$, $\gamma = \arcsin k$, $q[w] = \exp(-\pi w)$: wie oben bei (I), jedoch 1/x in Schritt 242 überschreiben durch Nop.

Nach Eingabe von w und Aufruf der jeweiligen Zusatzroutine (Taste E) bekommt man folgende Ergebnisse:

w	K[w]	k[w]	γ[w]	q[w]
0.0	∞	1.00000000	90° 00′ 00″0000	1.00000000
0.1	15.70796327	1.00000000	90 00 00 0000	0.73040269
0.2	7.85398637	0.99999879	89 54 39 7094	0.53348809
0.3	5.23658089	0.99977347	88 46 49 5591	0.38966114
0.4	3.93309107	0.99689919	85 29 12 3741	0.28460954
0.5	3.16510345	0.98517143	80 07 14 5850	0.20787958
0.6	2.67401775	0.95831942	73 23 57 7235	0.15183580
0.7	2.34604851	0.91396686	66 03 33 9515	0.11090128
0.8	2.12129158	0.85410205	58 39 38 4264	0.08100259
0.9	1.96461792	0.78337116	51 34 13 0093	0.05916451
1.0	1.85407468	0.70710678	45 00 00 0000	0.04321392

(III) Zusammenhänge:

$K[1/w] = w\,K[w]$

$k[1/w] = \sqrt{1 - k[w]}$ (folgt aus Beispiel 1.1-22 mit $k = \sqrt{m}$)

$\gamma[1/w] = \pi/2 - \gamma[w]$ ($\pi/2 = 90°$)

$q[1/w] = (q[w])^{1/w^2} = \exp(\pi^2/\ln q[w])$

Zahlenbeispiel zum letzten Zusammenhang: für w = 0.9 erhält man direkt

$q[w] = q[0.9] = \exp(-0.9\,\pi) = 0.05916451$ und

$q[1/w] = q[1.111111111] = \exp(-1.111111111\,\pi) = 0.03048079$;

Kontrolle:

$q[1/w] = (q[w])^{1/w^2} = 0.05916451^{1.2345679} = 0.03048079$ und

$q[1/w] = \exp(\pi^2/\ln q[w]) = \exp(\pi^2/\ln 0.05916451) = 0.03048079$

• *Beispiel 1.1-31:* Asymptotisches Verhalten der Theta-Funktionen:

$$\lim_{\alpha \to 0} \alpha\, \Theta_{1,4}[\alpha x, \alpha^2 w] = \lim_{\beta \to \infty} \frac{1}{\beta} \Theta_{1,4}\left[\frac{x}{\beta}, \frac{w}{\beta^2}\right] = 0 \qquad (\Theta_{1,4} \text{ bedeutet } \Theta_1 \text{ oder } \Theta_4)$$

$$\lim_{\alpha \to 0} \alpha\, \Theta_{2,3}[\alpha x, \alpha^2 w] = \lim_{\beta \to \infty} \frac{1}{\beta} \Theta_{2,3}\left[\frac{x}{\beta}, \frac{w}{\beta^2}\right] = \frac{1}{\sqrt{w}} \exp(-x^2 \tfrac{\pi}{w})$$

Für x = 0 folgt als asymptotisches Verhalten der Theta-Null-Funktionen

$$\lim_{\alpha \to 0} \alpha\, \Theta_{04}[\alpha^2 w] = \lim_{\beta \to 0} \frac{1}{\beta} \Theta_{04}\left[\frac{w}{\beta^2}\right] = 0$$

$$\lim_{\alpha \to 0} \alpha\, \Theta_{02,03}[\alpha^2 w] = \lim_{\beta \to \infty} \frac{1}{\beta} \Theta_{02,03}\left[\frac{w}{\beta^2}\right] = \frac{1}{\sqrt{w}}$$

speziell für w = 1: $\lim_{\alpha \to 0} \alpha\, \Theta_{04}[\alpha^2] = 0$ und $\lim_{\alpha \to 0} \alpha\, \Theta_{02,03}[\alpha^2] = 1$, was äquivalent ist zur Schreibweise $\alpha \to 0$: $\Theta_{02}[\alpha] \sim \frac{1}{\sqrt{\alpha}}$, $\Theta_{03}[\alpha] \sim \frac{1}{\sqrt{\alpha}}$ (in Übereinstimmung mit Beispiel 1.1-21).

Für x = w = 1 erhält man von oben

$$\lim_{\alpha \to 0} \alpha\, \Theta_{1,4}[\alpha, \alpha^2] = \lim_{\beta \to \infty} \frac{1}{\beta} \Theta_{1,4}\left[\frac{1}{\beta}, \frac{1}{\beta^2}\right] = 0$$

$$\lim_{\alpha \to 0} \alpha\, \Theta_{2,3}[\alpha, \alpha^2] = \lim_{\beta \to \infty} \frac{1}{\beta} \Theta_{2,3}\left[\frac{1}{\beta}, \frac{1}{\beta^2}\right] = \exp(-\pi)$$

Mit den letzten Beziehungen teste man die Theta-Routinen. –
Man bekommt folgende Ergebnisse:

α	$\alpha\,\Theta_1[\alpha, \alpha^2]$	$\alpha\,\Theta_2[\alpha, \alpha^2]$	$\alpha\,\Theta_3[\alpha, \alpha^2]$	$\alpha\,\Theta_4[\alpha, \alpha^2]$
0.4	0.8217248341	0.0423624799	0.0440653566	0.8217250819
0.3	0.2475201212	0.0432138810	0.0432139556	0.2475201216
0.2	0.0008514383	0.0432139183	0.0432139183	0.0008514383
0.15	0.0000000373	0.0432139183	0.0432139183	0.0000000373
0.1	0	0.0432139183	0.0432139183	0

Zum Beispiel ergibt sich für $\alpha = 0.2$ der Wert $0.2\, \Theta_3[0.2, 0.04] = 0.0432139183$ mit der Tastenfolge .2 A' X x² C =; Kontrolle: es ist $\exp(-\pi) = 0.0432139183$, Tastenfolge π +/− INV lnx

• *Beispiel 1.1-32:* In [1)] [reproduziert in [2)]] sind Werte der Funktion $B(x) = 2 \sum_{n=1}^{\infty} (-1)^{n-1} \exp(-n^2 x)$ angegeben:

x	B(x)	x	B(x)	x	B(x)	x	B(x)
0.0	1.0000	2.5	0.1641	4.5	0.0222	7.0	0.0018
0.5	0.9639	3.0	0.0996	5.0	0.0135	7.5	0.0011
1.0	0.6994	3.5	0.0604	5.5	0.0082	8.0	0.0007
1.5	0.4413	4.0	0.0366	6.0	0.0050	8.5	0.0004
2.0	0.2700			6.5	0.0030		

---

1) *Ingersoll, L. R., O. J. Zobel,* and *A. C. Ingersoll* (1948): Heat Conduction. [Appendix H: Values of $B(x) = 2(e^{-x} - e^{-4x} + e^{-9x} - \ldots)$.] McGraw-Hill, New York.

2) *Lykov, A. V.* (1967): Teoriya teploprovodnosti. (Tab. 4.5.) Vysshaya Shkola, Moskva. (In Russisch.)

Man erstelle eine analoge Tabelle mit größerer Genauigkeit und größerem Argumentbereich [x = 0 (.5) 13, 9D]. –
Durch Vergleich mit Gl. (1.12) erkennt man den Zusammenhang mit einer Theta-Null-Funktion: $B(x) = 1 - \Theta_{04}\left[\frac{x}{\pi}\right]$. Mit der Druckroutine D1 (aus Band 3/I) in Block 2 und mit der Zusatzroutine

```
319  76 LBL      324  53  (       329  14  D       334  54  )
320  15  E       325  32 X⇌T      330  53  (       335  61 GTO
321  32 X⇌T      326  55  ÷       331  94 +/-      336  02  02
322  00  0       327  89  π       332  85  +       337  40  40
323  16 A'       328  54  )       333  01  1
```

läßt sich nach Eingabe des Arguments x und Aufruf der Zusatzroutine (durch Taste E) folgende Tabelle erzeugen (vgl. Bild 1.1-23):

x	B (x)	x	B (x)	x	B (x)
0.0	1.000000000	4.5	0.022217963	9.0	0.0002468
0.5	0.963945244	5.0	0.013475890	9.5	0.0001497
1.0	0.699374199	5.5	0.008173542	10.0	0.0000908
1.5	0.441305558	6.0	0.004957504	10.5	0.0000550
2.0	0.269999672	6.5	0.003006878	11.0	0.0000334
2.5	0.164079198	7.0	0.001823764	11.5	0.0000202
3.0	0.099561848	7.5	0.001106169	12.0	0.0000122
3.5	0.060393104	8.0	0.000670925	12.5	0.0000074
4.0	0.036631053	8.5	0.000406937	13.0	0.0000045

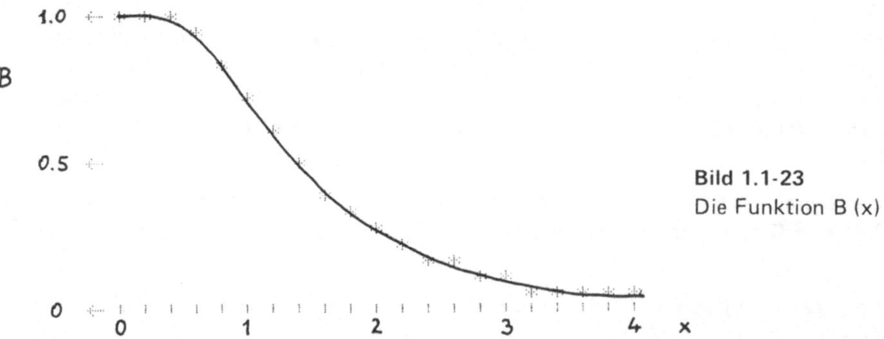

Bild 1.1-23
Die Funktion B (x)

- *Beispiel 1.1-33: Temperatur im Mittelpunkt einer Kugel.* Eine Kugel (Radius R, Temperaturleitfähigkeit κ) hat im Innern die konstante Ausgangstemperatur T_0. Die Oberfläche der Kugel wird plötzlich auf die konstante Temperatur T_s gebracht. Der zeitliche Verlauf der Temperatur T_c im Mittelpunkt der Kugel ist dann gegeben durch [1)]

$$\frac{T_c(t) - T_s}{T_0 - T_s} = B\left(\frac{\pi^2 \kappa t}{R^2}\right) = 1 - \Theta_{04}\left[\frac{\pi \kappa t}{R^2}\right]$$

---

1) *Ingersoll, L. R., O. J. Zobel,* and *A. C. Ingersoll* (1948): Heat Conduction. (§ 9.17, § 9.22.) McGraw-Hill, New York.

(mit der Funktion B aus Beispiel 1.1-32) oder auch durch [2] [3] [4]

$$T_c(t) = T_s + (T_0 - T_s)\, B(\pi^2 \kappa t/R^2) = T_0 + (T_s - T_0)\, \Theta_{04}[\pi \kappa t/R^2].$$

Anwendungsbeispiel: (Kochzeit von Kartoffeln.) Eine runde Kartoffel (Durchmesser $2R = 7$ cm, Temperaturleitfähigkeit $\kappa = 0.143 \times 10^{-6}\ \mathrm{m^2\, s^{-1}}$) hat die Ausgangstemperatur $T_0 = 20$ °C und wird in siedendes Wasser gelegt ($T_s = 100$ °C). Wie lange dauert es, bis die Kartoffel gar ist, d.h. im Zentrum der Kartoffel etwa die Temperatur $T_c = 90$ °C erreicht wird? –

Setzt man zur Abkürzung $w = \pi \kappa t/R^2$, so ist $T_c = T_0 + (T_s - T_0)\, \Theta_{04}[w]$. Mit den gegebenen Temperaturwerten folgt $90 = 20 + (100 - 20)\, \Theta_{04}[w]$ oder $\Theta_{04}[w] = 70/80 = 0.875$, woraus nun w zu bestimmen ist. Nach Initialisierung der Theta-Null-Funktion durch die Tastenfolge 0 A' findet man durch Probieren (Eingabe verschiedener Versuchswerte für w) folgende Zuordnung:

w	0.5	1	0.9	0.88	0.885	0.882
Θ_{04}	0.588	0.914	0.882	0.874	0.876	0.875

[Tastenfolge im letzten Fall .882 D]. Somit ist der gesuchte Wert $w \approx 0.882$. Aus $\pi \kappa t/R^2 = w$ erhält man dann die Kochzeit

$$t = \frac{w}{\pi}\frac{R^2}{\kappa} = \frac{0.882}{\pi}\ \frac{(0.035\ \mathrm{m})^2}{0.143 \times 10^{-6}\ \mathrm{m^2\, s^{-1}}} \approx 2400\ \mathrm{s} = 40\ \text{Minuten}.$$

- *Beispiel 1.1-34: Wärmeleitung in einem Ring.* [1] Ein Drahtstück (Länge L, Wärmekapazität C, ursprüngliche Temperatur T_0) wird zu einem Ring gebogen (Bild 1.1-24). Die Enden werden verlötet. An der Lötstelle $x = 0$ wird momentan die Wärmemenge W zugeführt. Der Temperaturverlauf im Ring wird durch die Wärmeleitungsgleichung (zusammen mit Anfangs- und Randbedingungen) bestimmt [Wärmeverluste durch Strahlung und Konvektion vernachlässigt]:

$$\frac{\partial T}{\partial t} = \kappa \frac{\partial^2 T}{\partial x^2}, \quad t = 0:\ (T - T_0)\, C = W\, \delta\!\left(\frac{x}{L}\right);$$

$$x = 0,\ x = \frac{L}{2}:\ \frac{\partial T}{\partial x} = 0$$

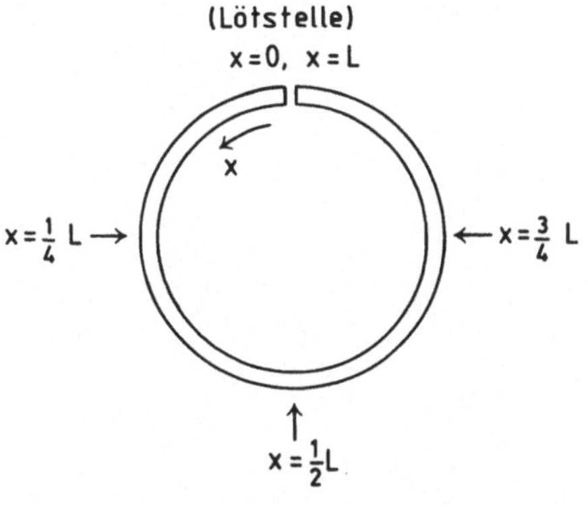

(Lötstelle)
x = 0, x = L
x
x = 1/4 L →
← x = 3/4 L
↑
x = 1/2 L

Bild 1.1-24 Ring aus Drahtstück

2) *Carslaw, H. S.,* and *J. C. Jaeger* (1978): Conduction of Heat in Solids. [§ 9.3, eq. (6).] Clarendon Press, Oxford. [In § 9.3, eq. (7), und in § 13.9, eq. (6a), ist ein Faktor 2 zu ergänzen.]

3) *Eckert, E. R. G.,* and *R. M. Drake Jr.* (1972): Analysis of Heat and Mass Transfer. [Eq. (4–125).] McGraw-Hill, New York.

4) *Lykov, A. V.* (1967): Teoriya teploprovodnosti. [Gl. 4.4–(35).] Vysshaya Shkola, Moskva. (In Russisch.)

1) *Fourier, M.* (1822): Théorie analytique de la chaleur. (Chap. IV: Du mouvement linéaire et varié de la chaleur dans une armille.) Didot, Paris. – Deutsche Übersetzung: Analytische Theorie der Wärme. (Cap. IV: Variirende Bewegung der Wärme in einem Ringe.) Springer, Berlin, 1884.

Sommerfeld, A. (1958): Partielle Differentialgleichungen der Physik. (§ 15: Das Problem des Ringes.) AVG, Leipzig.

(t Zeit, x Bogenlänge entlang Ring, κ Temperaturleitfähigkeit, δ Delta-Funktion). Die Lösung ist

$$T(x, t) = T_0 + \frac{W}{C}\,\Theta_3\left[\frac{x}{L}, 4\pi\frac{\kappa t}{L^2}\right] \qquad (t \geqslant 0,\ 0 \leqslant x \leqslant L)$$

Damit bestimme man den Temperaturverlauf in einem Silberring mit folgenden Daten: Umfang des Rings (= Länge des Drahtstücks) L = 60 Millimeter, Masse m = 5 Gramm, ursprüngliche Temperatur T_0 = 10 °C, beim Löten zugeführte Wärmemenge W = 300 Joule. –

Aus einem Handbuch[2)] entnimmt man für Silber folgende Materialwerte: Temperaturleitfähigkeit $\kappa = 174 \times 10^{-6}\ m^2\ s^{-1}$, spezifische Wärmekapazität $c = 234\ J\ kg^{-1}\ °C^{-1}$. Somit wird die Wärmekapazität des Rings $C = mc = 0.005\ kg \times 234\ J\ kg^{-1}\ °C^{-1} = 1.17\ J\ °C^{-1}$. Für die asymptotische Temperatur-Erhöhung $T_1 = W/C$ erhält man $T_1 = 300\ J/1.17\ J\ °C^{-1} = 256\ °C$. Als Zeitkonstante $\tau = L^2/\kappa$ kommt $\tau = 0.06^2\ m^2/(174 \times 10^{-6}\ m^2\ s^{-1}) = 20.7\ s$. Die Lösung lautet nun

$$T(x, t) = T_0 + T_1\,\Theta_3\left[\frac{x}{L}, 4\pi\frac{t}{\tau}\right]$$

oder als Zahlenwertgleichung (x in mm, t in s, T in °C):

$$T(x, t) = 10 + 256\,\Theta_3\left[\frac{x}{60}, 4\pi\frac{t}{20.7}\right] = 10 + 256\,\Theta_3\left[\frac{x}{60}, \frac{t}{1.65}\right].$$

Zum Beispiel bekommt man an der Stelle x = L/4 = 15 mm zur Zeit t = 0.3 s den Temperaturwert $T = 10 + 256\,\Theta_3[15/60, 0.3/1.65] = 10 + 256\,\Theta_3[0.25, 0.182] = 214$ (in °C), Tastenfolge .25 A' .182 C X 256 + 10 =

Der zeitliche Temperaturverlauf an den Stellen x = 15 mm = L/4 und x = 45 mm = 3 L/4 wird durch $T = 10 + 256\,\Theta_3[0.25, t/1.65]$ beschrieben und ist in Bild 1.1-25 graphisch dargestellt. An der Lötstelle (x = 0 oder x = 60 mm = L) ist der Temperaturverlauf $T = 10 + 256\,\Theta_{03}[t/1.65]$; bei x = 30 mm = L/2 (gegenüber der Lötstelle) erhält man $T = 10 + 256\,\Theta_{04}[t/1.65]$ (Bild 1.1-25).

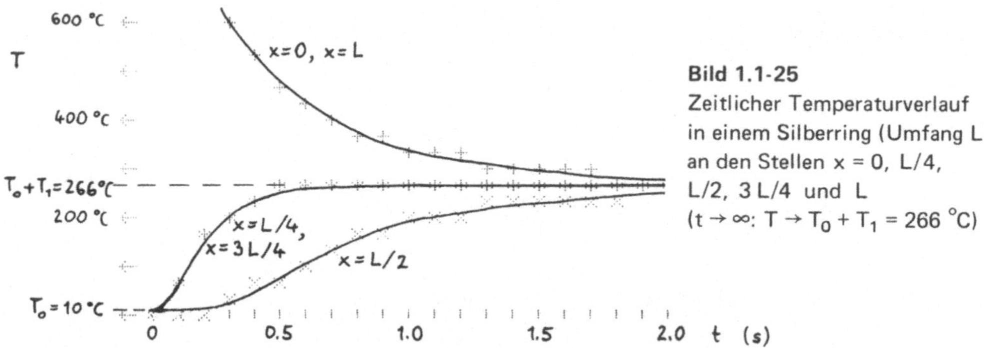

Bild 1.1-25
Zeitlicher Temperaturverlauf in einem Silberring (Umfang L) an den Stellen x = 0, L/4, L/2, 3 L/4 und L ($t \to \infty$: $T \to T_0 + T_1 = 266$ °C)

- *Beispiel 1.1-35: Ausbreitung von Schadgasen bei Inversionswetterlagen.* Eine stationäre Punktquelle (Schornstein mit effektiver Höhe h, Quellstärke Q) emittiert Schwefeldioxid in die Atmosphäre (Inversionshöhe H, mittlere Windstärke U). Vgl. Bild 1.1-26.

Raumkoordinaten: x in Windrichtung, y quer dazu, z vertikal nach oben. (Koordinaten-Ursprung: am Fuß des Schornsteins.)

2) Z.B. *Gröber, H., S. Erk* und *U. Grigull* (1963): Die Grundgesetze der Wärmeübertragung. (Anhang: Einheiten, Umrechnungstafeln, Stoffwerte.) Springer, Berlin.
Eckert, E. R. G., and *R. M. Drake Jr.* (1972): Analysis of Heat and Mass Transfer. (Appendix B: Thermophysical Properties.) McGraw-Hill, New York.

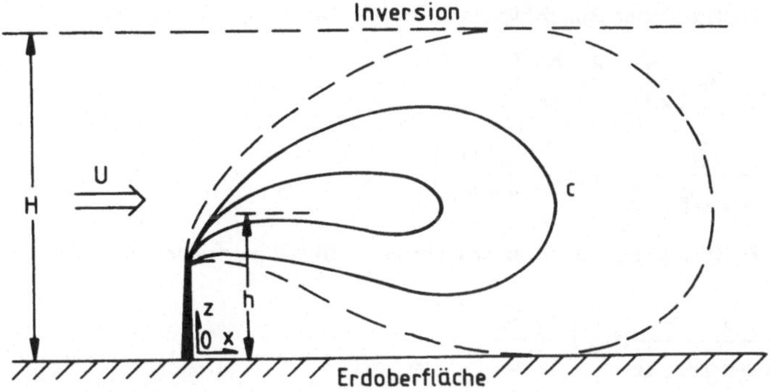

Bild 1.1-26
Stationäre Punktquelle und ihr Konzentrationsfeld

Bei der dreidimensionalen Ausbreitung von Schadgasen (Konzentration c) kann in hinreichender Entfernung von der Quelle die turbulente Diffusion durch konstante Koeffizienten (K_y, K_z) beschrieben werden:

$$U \frac{\partial c}{\partial x} = K_y \frac{\partial^2 c}{\partial y^2} + K_z \frac{\partial^2 c}{\partial z^2}$$

(Längsdiffusion $K_x\, \partial^2 c/\partial x^2$ vernachlässigbar). Randbedingungen:

$$x = 0:\; c = \frac{Q}{U}\,\delta(y)\,\delta(h-z) \qquad [\text{Quelle bei } x = 0,\, y = 0,\, z = h]$$

$$z = 0,\, z = H:\; K_z \frac{\partial c}{\partial z} = 0 \qquad [\text{Erdoberfläche } (z = 0) \text{ und Inversion } (z = H) \text{ wirken als Sperrschichten}]$$

Die Lösung enthält die dritte Theta-Funktion von Jacobi: [1)]

$$\text{(I)} \quad c(x, y, z) = \frac{Q}{4H\sqrt{\pi x K_y U}} \exp\left(-\frac{y^2 U}{4x K_y}\right) \times \left\{\Theta_3\left[\frac{h-z}{2H}, \frac{\pi x K_z}{H^2 U}\right] + \Theta_3\left[\frac{h+z}{2H}, \frac{\pi x K_z}{H^2 U}\right]\right\}$$

Diese „Jacobi-Lösung" geht für verschwindende Inversion ($H \to \infty$) unter Beachtung von Beispiel 1.1-31 in die bekannte „Gauß-Lösung" über:

$$\text{(I')} \quad (H \to \infty:)\; c(x, y, z) \to \frac{Q}{4\pi x \sqrt{K_y K_z}} \exp\left(-\frac{y^2 U}{4x K_y}\right) \times$$

$$\times \left\{\exp\left[-\frac{(h-z)^2 U}{4x K_z}\right] + \exp\left[-\frac{(h+z)^2 U}{4x K_z}\right]\right\}$$

Spezialfälle: Bodenkonzentration ($z = 0$):

$$\text{(II)} \quad c(x, y, 0) = \frac{Q}{2H\sqrt{\pi x K_y U}} \exp\left(-\frac{y^2 U}{4x K_y}\right) \Theta_3\left[\frac{h}{2H}, \frac{\pi x K_z}{H^2 U}\right]$$

$$\text{(II')} \quad (H \to \infty:)\; c(x, y, 0) \to \frac{Q}{2\pi x \sqrt{K_y K_z}} \exp\left(-\frac{y^2 U}{4x K_y} - \frac{h^2 U}{4x K_z}\right)$$

---

1) *Sommerfeld, A.* (1958): Partielle Differentialgleichungen der Physik. (§ 16: Der beiderseits berandete lineare Wärmeleiter [Fall b) b)].) AVG, Leipzig.

Fortak, H. (1961): Ausbreitung von Staub und Gasen um eine kontinuierliche Punktquelle ... VDI-Forschungsheft 483 (§§ 3.43–3.44). VDI-Verlag, Düsseldorf. (Verwendete Θ_3-Definition: übliche Normierung $\Theta_3[x, w]$.)

Bodenkonzentration (z = 0) in Richtung der Rauchfahnenachse (y = 0):

$$\text{(III)}\quad c(x,0,0) = \frac{Q}{2H\sqrt{\pi x K_y U}}\,\Theta_3\left[\frac{h}{2H},\ \frac{\pi x K_z}{H^2 U}\right]$$

$$\text{(III')}\quad (H \to \infty:)\ c(x,0,0) \to \frac{Q}{2\pi x\sqrt{K_y K_z}}\exp\left(-\frac{h^2 U}{4x K_z}\right)$$

Bodenkonzentration (z = 0) in Richtung der Rauchfahnenachse (y = 0) bei niedriger Inversion (H = h):

$$\text{(IV)}\quad (H = h:)\ c(x,0,0) = \frac{Q}{2h\sqrt{\pi x K_y U}}\,\Theta_{04}\left[\frac{\pi x K_z}{h^2 U}\right]$$

$$\text{(IV')}\quad (H = h \to \infty:)\quad c(x,0,0) \to 0$$

Man berechne die Bodenkonzentration von SO_2 in Richtung der Rauchfahnenachse für einen Großemittenten:

Gegeben: Effektive Schornsteinhöhe: h = 100 m
Quellstärke für SO_2: $Q = 360\ \text{kg h}^{-1} = 100\ \text{g s}^{-1} = 10^5\ \text{mg s}^{-1}$
Inversionshöhe: H = 100, 150, 300 und 1000 m
mittlere Windstärke: $U = 5\ \text{m s}^{-1}$
Diffusionskoeffizienten: $K_y = 3.0\ \text{m}^2\ \text{s}^{-1}$, $K_z = 2.5\ \text{m}^2\ \text{s}^{-1}$

Gesucht: Bodenkonzentration von SO_2 in Richtung der Rauchfahnenachse, c (x, 0, 0) nach Gl. (III) und (III'), für $x \leqslant 30$ km. –

Setzt man die gegebenen Werte in Gl. (III) und (III') ein, so erhält man die Zahlenwertgleichungen (c in mg m^{-3}, x in km, H in m)

$$\text{(III)}\quad c(x,0,0) = \frac{1000}{H\sqrt{6\pi x}}\,\Theta_3\left[\frac{50}{H},\ \frac{500\pi x}{H^2}\right] \qquad \text{(Jacobi-Lösung)}$$

$$\text{(III')}\quad (H \to \infty:)\ c(x,0,0) \to \frac{50}{\pi x\sqrt{7.5}}\exp\left(-\frac{5}{x}\right) \qquad \text{(Gauß-Lösung)}$$

Mit der Zusatzroutine für die Jacobi-Lösung

```
240  76 LBL    253  55  ÷     266  00  00    279  43 RCL
241  15  E     254  43 RCL    267  33 X²     280  01  01
242  29 CP     255  00  00    268  95  =     281  34 √X
243  67  EQ    256  95  =     269  13  C     282  55  ÷
244  02  02    257  16 A'     270  65  ×     283  43 RCL
245  86  86    258  43 RCL    271  01  1     284  00  00
246  65  ×     259  01  01    272  00  0     285  95  =
247  89  π     260  65  ×     273  00  0     286  58 FIX
248  95  =     261  05  5     274  00  0     287  04  04
249  42 STO    262  00  0     275  55  ÷     288  99 PRT
250  01  01    263  00  0     276  06  6     289  92 RTN
251  05  5     264  55  ÷     277  49 PRD
252  00  0     265  43 RCL    278  01  01
```

läßt sich nach Speicherung von H in R_{00} [z.B. durch die Tastenfolge 100 STO 00], Eingabe von x und Aufruf der Zusatzroutine (durch Taste E) folgende Tabelle erzeugen (vgl. Bild 1.1-27):

x	Jacobi-Lösung (c in mg m^{-3})				Gauß-Lösung
(km)	H = 100 m	H = 150 m	H = 300 m	H = 1000 m	H → ∞
0.	0.0000	0.0000	0.0000	0.0000	0.0000
2.	0.4770	0.2387	0.2385	0.2385	0.2385
4.	0.8326	0.4260	0.4163	0.4163	0.4163
6.	0.8430	0.4555	0.4209	0.4209	0.4209
8.	0.7829	0.4485	0.3888	0.3888	0.3888
10.	0.7179	0.4313	0.3525	0.3525	0.3525
12.	0.6613	0.4114	0.3193	0.3193	0.3193
14.	0.6144	0.3913	0.2905	0.2904	0.2904
16.	0.5754	0.3724	0.2659	0.2657	0.2657
18.	0.5427	0.3549	0.2449	0.2446	0.2446
20.	0.5150	0.3391	0.2269	0.2263	0.2263
22.	0.4910	0.3247	0.2114	0.2105	0.2105
24.	0.4702	0.3118	0.1979	0.1966	0.1966
26.	0.4517	0.3001	0.1863	0.1844	0.1844
28.	0.4353	0.2896	0.1760	0.1736	0.1736
30.	0.4205	0.2800	0.1670	0.1640	0.1640

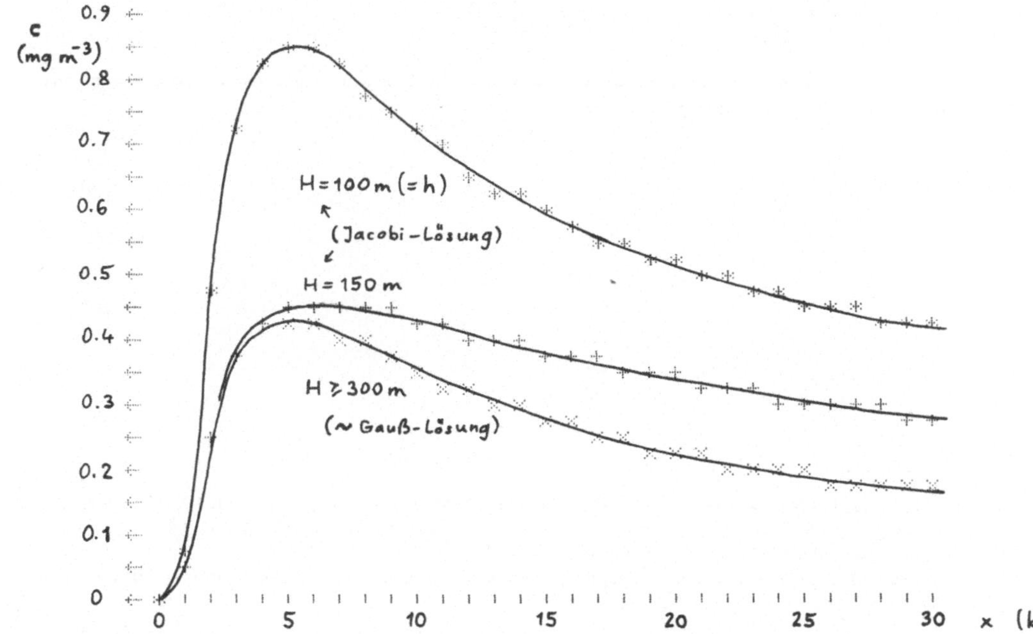

Bild 1.1-27 Bodenkonzentration von SO_2 in Richtung der Rauchfahnenachse im Abstand x von der Schadgasquelle

[Bei Inversion in Schornsteinhöhe (Smog-Situation, oberste Kurve) steigt die Konzentration auf etwa das Doppelte der Konzentration ohne Inversion (unterste Kurve)]

Die letzte Spalte (Gauß-Lösung) erhält man nach Eingabe von x und Aufruf SBR SBR mit folgender Zusatzroutine:

```
290  76 LBL     297  65  ×     304  00  0     311  34 ΓX
291  71 SBR     298  05  5     305  55  ÷     312  95  =
292  29 CP      299  55  ÷     306  89  π     313  58 FIX
293  67  EQ     300  22 INV    307  55  ÷     314  04  04
294  03  03     301  23 LNX    308  07  7     315  99 PRT
295  13  13     302  65  ×     309  93  .     316  92 RTN
296  35 1/X     303  01  1     310  05  5
```

Bemerkung: Die dritte Theta-Funktion von Jacobi wird nach Doetsch[2] sowie in der Fachliteratur zur Luftreinhaltung[3] oft etwas abweichend von der Norm definiert:

$$\Theta_3\,(x; w) = 1 + 2 \sum_{n=1}^{\infty} \exp\,(-\,n^2\,\pi^2\,w)\,\cos\,(2\,n\,\pi\,x) = \frac{1}{\sqrt{\pi\,w}} \sum_{n=-\infty}^{\infty} \exp\left[-\,\frac{(x+n)^2}{w}\right]$$

Aus Gl. (1.3) oder (1.7) folgt als Zusammenhang mit der üblichen Normierung

$$\Theta_3\,(x; w) = \Theta_3\,[x, \pi\,w]$$

In den Lösungen wird dadurch beim Parameter ein Faktor π unterdrückt; z. B. lautet Gl. (III) dieses Beispiels hier

$$c\,(x, 0, 0) = \frac{Q}{2\,H\,\sqrt{\pi\,x\,K_y\,U}}\,\Theta_3\left(\frac{h}{2\,H}; \frac{x\,K_z}{H^2\,U}\right)$$

(Allerdings ist vor Verwendung genormter Tabellen oder Routinen dann der Parameter erst mit dem Faktor π zu multiplizieren.)

---

2) *Doetsch, G.* (1950): Handbuch der Laplace-Transformation, Band I. (Kap. 2, § 4, Nr. 10.) Birkhäuser, Basel.
Doetsch, G. (1961): Anleitung zum praktischen Gebrauch der Laplace-Transformation. (Anhang: Funktionen-Verzeichnis.) Oldenbourg, München.
Doetsch, G. (1970): Einführung in Theorie und Anwendung der Laplace-Transformation. (§ 30.) Birkhäuser, Basel/Stuttgart.

3) *Fortak, H.* (1974): Mathematical Modelling of Urban Pollution. Advances in Geophysics, Vol. 18B (p. 168). Academic Press, New York.
Fortak, H. (1978): On Theoretical Methods for the Solution of Complex Urban Air Pollution Problems. Beiträge zur Physik der Atmosphäre **51**, 307–329.
Reuter, H. (1981): Die Ausbreitung von Schadgasen bei Inversionswetterlagen. promet 2/3, 1981, 14–17.

Programm 1.2: theta-Funktionen von Neville [nach Reihen-Entwicklung]

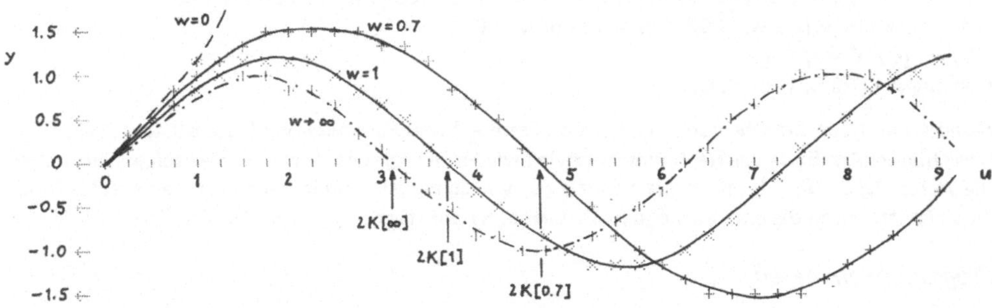

Bild 1.2-1 Erste theta-Funktion von Neville (mit Parameter w)
$y = \vartheta_s[u, w] = -\vartheta_s[-u, w]$, $0 \leqslant u \leqslant 9$; $w = 0,\ 0.7,\ 1,\ \infty$
($K[0] = \infty$, $K[0.7] \approx 2.346$, $K[1] \approx 1.854$, $K[\infty] = \pi/2 \approx 1.571$;
$\vartheta_s[u, 0] = \sinh u$, $\vartheta_s[u, \infty] = \sin u$)

(a) Algorithmus

(I) theta-Funktionen von Neville mit Parameter w:

Als Grundlage dienen die Gln. (1.26)–(1.27) [mit den Theta-Funktionen von Jacobi aus Programm 1.1]. Für den absoluten Fehler ϵ von ϑ_s, ϑ_c, ϑ_d, ϑ_n [u, w] gilt die Abschätzung $|\epsilon[u, w]| \lesssim 7 \times 10^{-10}$.

Sonderfall w = 0: $\vartheta_s[u, 0] = \sinh u$, $\vartheta_c[u, 0] = 1$, $\vartheta_d[u, 0] = 1$, $\vartheta_n[u, 0] = \cosh u$

(II) K[w], m[w], q[w]: wie in Programm 1.1

(III) K{q}, m{q}, w{q}: wie in Programm 1.1

(IV) theta-Funktionen von Neville mit Parameter q:

$$\vartheta_{s,c,d,n}\{u, q\} = \vartheta_{s,c,d,n}[u, w\{q\}] \qquad (0 \leqslant q \leqslant 1)$$

(V) Elliptische Funktionen von Jacobi mit Parameter w: vgl. Kap. 2, Gl. (2.42).

(VI) Elliptische Funktionen von Jacobi mit Parameter q: vgl. Kap. 2, Gl. (2.49).

(b) Bedienungshinweise

Programmadreß-Tasten:

u	w → START	K [w]	m [w]	q → w {q}
$\vartheta_s[u, w]$	$\vartheta_c[u, w]$	$\vartheta_d[u, w]$	$\vartheta_n[u, w]$	

Speicherbereichsverteilung: Grundstellung
Programm laden: 2 Magnetkartenseiten einlesen (Block 1 und 3)
Winkelmodus: beliebig (zurück bleibt Rad)

Anzeigeformat: beliebig (zurück bleibt INV Fix)
Argumentbereich:
(I) $\vartheta_s, \vartheta_c, \vartheta_d, \vartheta_n$ [u, w]: etwa $-10^{12} < u < 10^{12}$, $0.03 < w < 10$ und $w = 0$;
(II) K [w], m [w]: etwa $0.03 < w < 10$ und $w = 0$;
(III) w {q}: $0 \leqslant q \leqslant 1$
Genauigkeit (Richtwert): 9 D/S

Bemerkung: Nach Eingabe von Argument u (Taste A') und Parameter w (Taste B') startet die Berechnung. Am Ende der Rechnung erscheint wieder der Parameter w in der Anzeige. Nun stehen die Werte $\vartheta_s, \vartheta_c, \vartheta_d, \vartheta_n$, K, m *gleichzeitig* zur Verfügung: sie sind in beliebiger Reihenfolge (und beliebig oft) durch die entsprechenden Tasten sofort abrufbar.

Programmkenndaten

Speicherbedarf: effektiv 216 Programmschritte, 32 Datenregister ($R_{20}-R_{51}$)
Labels: A–D, A'–E'; abs. Adressen: ja; T-Reg.: verwendet; Flags: Nr. 5, 6
CE: verwendet
SBR-Ebenen / Klammer-Ebenen / unvollständige Op.-Ebenen:

$\vartheta_s, \vartheta_c, \vartheta_d, \vartheta_n$ [u, w], K [w], m [w]: 2/2/6; w {q}: 0/1/1

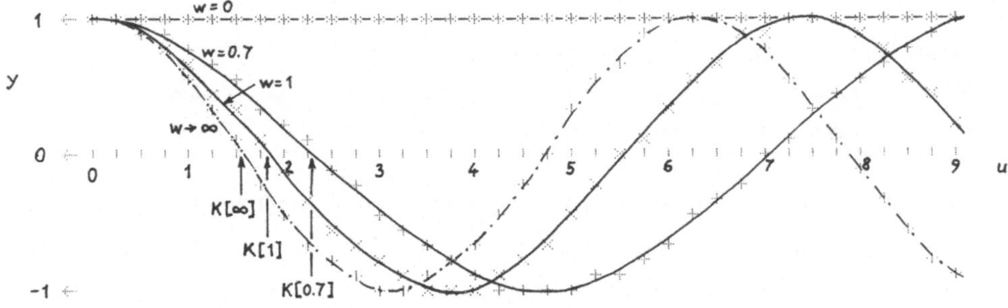

Bild 1.2-2 Zweite theta-Funktion von Neville (mit Parameter w)
$y = \vartheta_c[u, w] = \vartheta_c[-u, w]$, $0 \leqslant u \leqslant 9$; $w = 0, 0.7, 1, \infty$
($K[0] = \infty$, $K[0.7] \approx 2.346$, $K[1] \approx 1.854$, $K[\infty] = \pi/2 \approx 1.571$;
$\vartheta_c[u, 0] = 1$, $\vartheta_c[u, \infty] = \cos u$)

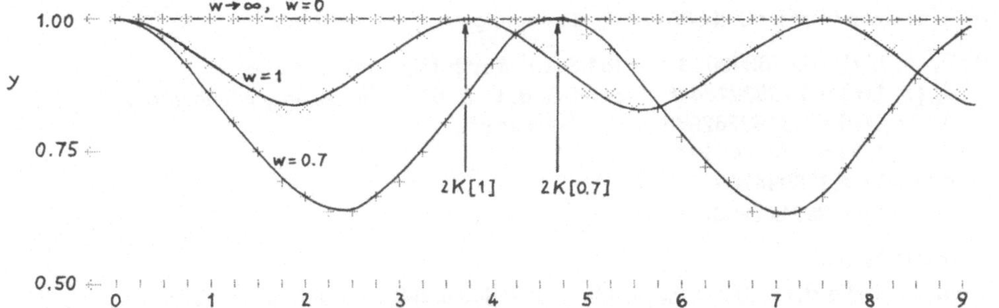

Bild 1.2-3 Dritte theta-Funktion von Neville (mit Parameter w)
$y = \vartheta_d[u, w] = \vartheta_d[-u, w]$, $0 \leqslant u \leqslant 9$; $w = 0,\ 0.7,\ 1,\ \infty$
($\vartheta_d[u, 0] = 1$, $\vartheta_d[u, \infty] = 1$)

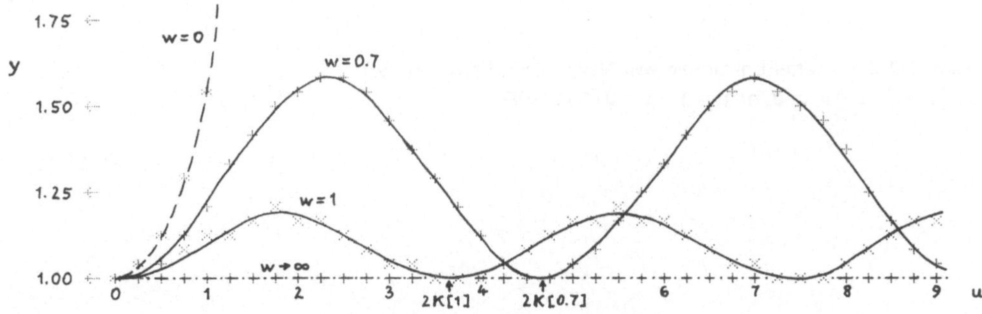

Bild 1.2-4 Vierte theta-Funktion von Neville (mit Parameter w)
$y = \vartheta_n[u, w] = \vartheta_n[-u, w]$, $0 \leqslant u \leqslant 9$; $w = 0,\ 0.7,\ 1,\ \infty$
($\vartheta_n[u, 0] = \cosh u$, $\vartheta_n[u, \infty] = 1$)

(c) Checkwerte

(I) $\vartheta_s[\pi, \pi] = 0.0006500063$ (Laufzeit 52 Sek.), Tastenfolge π A' B', dann A, B, C, D, C', D' (in beliebiger Reihenfolge und beliebig oft)

$\vartheta_c[\pi, \pi] = -0.9999997888$
$\vartheta_d[\pi, \pi] = 0.9999999999$
$\vartheta_n[\pi, \pi] = 1$
$K[\pi] = 1.571121330$
$m[\pi] = 0.0008272286$

(Fortsetzung:)

$sn[\pi, \pi] = \vartheta_s[\pi, \pi] / \vartheta_n[\pi, \pi] = 0.0006500063$, Tastenfolge A ÷ D =
$cn[\pi, \pi] = \vartheta_c[\pi, \pi] / \vartheta_n[\pi, \pi] = -0.9999997887$, Tastenfolge B ÷ D =
$dn[\pi, \pi] = \vartheta_d[\pi, \pi] / \vartheta_n[\pi, \pi] = 0.9999999998$, Tastenfolge C ÷ D =
$sc[\pi, \pi] = \vartheta_s[\pi, \pi] / \vartheta_c[\pi, \pi] = -0.0006500064$, Tastenfolge A ÷ B =
$am[\pi, \pi] = \arccos cn[\pi, \pi] = 3.140942647$, Tastenfolge B ÷ D = Rad INV cos

(II) $q[\pi] = \exp(-\pi^2) = 0.0000517232$, Tastenfolge π x^2 +/− INV ln x

(III) $\vartheta_s\{\pi, 1/\pi\} = 3.676373613$ (64 Sek.), Tastenfolge π A′ 1/x E′ B′,
$\vartheta_c\{\pi, 1/\pi\} = 0.2883216446$ dann A, B, C, D, C′, D′ (in beliebiger Reihenfolge
$\vartheta_d\{\pi, 1/\pi\} = 0.3493262968$ und beliebig oft)
$\vartheta_n\{\pi, 1/\pi\} = 3.687662174$
$K\{1/\pi\} = 4.313994703$
$m\{1/\pi\} = 0.9971219082$

(Fortsetzung:)

$\mathrm{sn}\{\pi, 1/\pi\} = \vartheta_s\{\pi, 1/\pi\} / \vartheta_n\{\pi, 1/\pi\} = 0.9969388298$, Tastenfolge A ÷ D =
$\mathrm{cn}\{\pi, 1/\pi\} = \vartheta_c\{\pi, 1/\pi\} / \vartheta_n\{\pi, 1/\pi\} = 0.0781854820$, Tastenfolge B ÷ D =
$\mathrm{dn}\{\pi, 1/\pi\} = \vartheta_d\{\pi, 1/\pi\} / \vartheta_n\{\pi, 1/\pi\} = 0.0947283890$, Tastenfolge C ÷ D =
$\mathrm{sc}\{\pi, 1/\pi\} = \vartheta_s\{\pi, 1/\pi\} / \vartheta_c\{\pi, 1/\pi\} = 12.75094562$, Tastenfolge A ÷ B =
$\mathrm{am}\{\pi, 1/\pi\} = \arccos \mathrm{cn}\{\pi, 1/\pi\} = 1.492530967$, Tastenfolge B ÷ D E Rad INV cos

(IV) $w\{1/\pi\} = 0.3643788397$ (1 Sek.), Tastenfolge π 1/x E′

Tabelle 1.2-1 theta-Funktionen von Neville (mit Parameter w)
$\vartheta_p[u, w]$, p = s, c, d, n; u = 1; w = 0(.5)5, 9D

w	$\vartheta_s[1, w]$	$\vartheta_c[1, w]$	$\vartheta_d[1, w]$	$\vartheta_n[1, w]$
0.0	1.175201194	1.000000000	1.000000000	1.543080635
0.5	1.002306199	0.846194618	0.863492048	1.311740465
1.0	0.888324441	0.659301803	0.910625622	1.106254573
1.5	0.852046368	0.569282387	0.976145781	1.024727012
2.0	0.843709749	0.546532552	0.994780970	1.005258161
2.5	0.841938170	0.541606552	0.998903537	1.001098167
3.0	0.841568181	0.540573827	0.999771567	1.000228507
3.5	0.841491193	0.540358767	0.999952492	1.000047511
4.0	0.841475186	0.540314044	0.999990123	1.000009877
4.5	0.841471858	0.540304746	0.999997947	1.000002053
5.0	0.841471166	0.540302813	0.999999573	1.000000427

Tabelle 1.2-2 theta-Funktionen von Neville (mit Parameter q)
$\vartheta_p\{u, q\}$, p = s, c, d, n; u = 1; q = 0(.1)1, 9D

q	$\vartheta_s\{1, q\}$	$\vartheta_c\{1, q\}$	$\vartheta_d\{1, q\}$	$\vartheta_n\{1, q\}$
0.0	0.841470985	0.540302306	1.000000000	1.000000000
0.1	0.937141844	0.756096917	0.863260595	1.204125153
0.2	0.998456169	0.841881771	0.861862731	1.306016707
0.3	1.040160491	0.884053000	0.886738682	1.365094705
0.4	1.070995943	0.911248140	0.911459492	1.406202504
0.5	1.095497301	0.932175905	0.932182650	1.438424922
0.6	1.115923040	0.949559128	0.949559171	1.465246317
0.7	1.133489167	0.964506481	0.964506481	1.488311272
0.8	1.148928987	0.977644503	0.977644503	1.508584301
0.9	1.162722351	0.989381526	0.989381526	1.526695474
1.0	1.175201194	1.000000000	1.000000000	1.543080635

(d) Datenregister

Das Programm wird in Grundstellung der Speicherbereichsverteilung eingelesen und benutzt effektiv 32 Datenregister ($R_{20}-R_{51}$).
Andere Zählung: das eigentliche Programm benötigt 391 Schritte und nur 10 Datenregister (R_{20} $m^{1/4}$, R_{21} ϑ_s, R_{22} ϑ_c, R_{23} ϑ_d, R_{24} ϑ_n, R_{25} u, R_{26} K, R_{27} Hilfswerte, R_{28} v_{red}, R_{29} v_{Red}).
Während der Ausführung schaltet das Programm vorübergehend auf die Verteilung 719.29 und benutzt Block 3 als Programmteil.

(e) Eingabe des Programms

Speicherbereichsverteilung durch 2 Op 17 einstellen auf 799.19. Programm eintasten. (Eingabe des Befehls HIR: Band 3/I, Anhang A.) Speicherbereichsverteilung durch 6 Op 17 auf Grundstellung setzen. Block 1 und 3 auf je eine Magnetkartenseite aufzeichnen.

Programmstruktur

Schritt 039–143, 154–183, 545–719 ϑ_s, ϑ_c, ϑ_d, ϑ_n [u, w], K[w], m[w]
(045–093 Theta-Null-Faktoren; 094–117 Argument-Reduktion;
154–183, 545–719 Θ_1, Θ_2, Θ_3, Θ_4)
185–214 Sonderfall w = 0; 147–152 w {q}

(f) Funktions-Anwendungen

- *Beispiel 1.2-1: Landen-Transformation* (Verdopplungsformel bezüglich w):

$$\vartheta_s[u, 2w] = (1+\kappa)\,\vartheta_s[v, w]\,\vartheta_c[v, w] \quad \text{mit} \quad v = \frac{u}{1+\kappa} \quad \text{und}$$

$$1+\kappa = 1+\sqrt{1-m[w]} = 1+\sqrt{m[\tfrac{1}{w}]} = \frac{2}{1+\sqrt{m[2w]}}$$

$$\vartheta_c[u, 2w] = \vartheta_c^2[v, w] - \kappa\,\vartheta_s^2[v, w]$$

$$\text{mit} \quad \kappa = \sqrt{1-m[w]} = \sqrt{m[\tfrac{1}{w}]} = \frac{1-\sqrt{m[2w]}}{1+\sqrt{m[2w]}}$$

$$\vartheta_d[u, 2w] = \vartheta_c^2[v, w] + \kappa\,\vartheta_s^2[v, w]$$

$$\vartheta_n[u, 2w] = \vartheta_n[v, w]\,\vartheta_d[v, w]$$

Man teste die theta-Routinen mit der Berechnung von $\vartheta_s[u, 2w]$ für u = 1, w = 0.7. – Für die linke Seite der ersten Gleichung erhält man $\vartheta_s[1, 1.4] = 0.8558298200$, Tastenfolge 1 A' 1.4 B' A. Ferner ist $1+\kappa = 2/(1+\sqrt{m[1.4]})$, Tastenfolge 2 ÷ (1 + D' $\sqrt{x}$ = STO 00, und es wird $v = 1/(1+\kappa)$, Tastenfolge 1/x A'. Die rechte Seite der ersten Gleichung ergibt nun $(1+\kappa)\,\vartheta_s[v, 0.7]\,\vartheta_c[v, 0.7] = 0.8558298200$, Tastenfolge .7 B' RCL 00 X A X B =

1. Liste zu Programm 1.2

```
000  76  LBL
001  18  C'
002  43  RCL
003  26   26
004  92  RTN
005  76  LBL
006  11   A
007  43  RCL
008  21   21
009  92  RTN
010  76  LBL
011  12   B
012  43  RCL
013  22   22
014  92  RTN
015  76  LBL
016  13   C
017  43  RCL
018  23   23
019  92  RTN
020  76  LBL
021  14   D
022  43  RCL
023  24   24
024  92  RTN
025  76  LBL
026  19  D'
027  43  RCL
028  20   20
029  33  X²
030  33  X²
031  92  RTN
032  76  LBL
033  16  A'
034  42  STO
035  25   25
036  92  RTN
037  76  LBL
038  17  B'
039  70  RAD
040  22  INV
041  58  FIX
042  82  HIR
043  05   05
044  32  X:T
045  00   0
046  42  STO
047  28   28
048  42  STO
049  29   29
050  67   EQ
051  01   01
052  85   85
053  09   9
054  77   GE
055  00   00
056  59   59
057  82  HIR
058  05   05
059  03   3
060  69  OP
061  17   17
062  71  SBR
063  01   01
064  63   63
065  42  STO
066  20   20
067  35  1/X
068  42  STO
069  21   21
070  42  STO
071  22   22
072  71  SBR
073  01   01
074  56   56
075  35  1/X
076  42  STO
077  24   24
078  49  PRD
079  21   21
080  71  SBR
081  01   01
082  65   65
083  49  PRD
084  21   21
085  42  STO
086  26   26
087  49  PRD
088  26   26
089  35  1/X
090  42  STO
091  23   23
092  49  PRD
093  20   20
094  53   (
095  43  RCL
096  25   25
097  55   ÷
098  89   π
099  49  PRD
100  26   26
101  18  C'
102  55   ÷
103  22  INV
104  59  INT
105  42  STO
106  28   28
107  02   2
108  42  STO
109  29   29
110  22  INV
111  49  PRD
112  26   26
113  54   )
114  22  INV
115  59  INT
116  49  PRD
117  29   29
118  71  SBR
119  01   01
120  63   63
121  49  PRD
122  22   22
123  71  SBR
124  01   01
125  65   65
126  49  PRD
127  23   23
128  71  SBR
129  01   01
130  56   56
131  49  PRD
132  24   24
133  71  SBR
134  01   01
135  54   54
136  49  PRD
137  21   21
138  06   6
139  69  OP
140  17   17
141  82  HIR
142  15   15
143  24  CE
144  92  RTN
145  76  LBL
146  10  E'
147  53   (
148  23  LNX
149  55   ÷
150  89   π
151  54   )
152  94  +/-
153  92  RTN
154  86  STF
155  05   05
156  53   (
157  93   .
158  05   5
159  75   -
160  61  GTO
161  01   01
162  66   66
163  86  STF
164  05   05
165  53   (
166  43  RCL
167  29   29
168  87  IFF
169  05   05
170  01   01
171  74   74
172  43  RCL
173  28   28
174  71  SBR
175  05   05
176  45   45
177  49  PRD
178  27   27
179  43  RCL
180  27   27
181  22  INV
182  86  STF
183  05   05
184  92  RTN
185  35  1/X
186  42  STO
187  26   26
188  43  RCL
189  25   25
190  53   (
191  53   (
192  22  INV
193  23  LNX
194  75   -
195  35  1/X
196  42  STO
197  24   24
198  54   )
199  55   ÷
200  02   2
201  54   )
202  42  STO
203  21   21
204  44  SUM
205  24   24
206  01   1
207  42  STO
208  20   20
209  42  STO
210  22   22
211  42  STO
212  23   23
213  00   0
214  24  CE
215  92  RTN
```

2. Liste zu Programm 1.2

```
545  54  )
546  82  HIR
547  08  08
548  82  HIR
549  15  15
550  32  X:T
551  01  1
552  82  HIR
553  06  06
554  77  GE
555  06  06
556  27  27
557  00  0
558  87  IFF
559  05  05
560  05  05
561  64  64
562  93  .
563  05  5
564  42  STO
565  27  27
566  02  2
567  82  HIR
568  48  48
569  22  INV
570  87  IFF
571  05  05
572  05  05
573  76  76
574  82  HIR
575  66  66
576  01  1
577  00  0
578  94  +/-
579  22  INV
580  28  LOG
581  32  X:T
582  82  HIR
583  07  07
584  89  π
585  82  HIR
586  47  47
587  82  HIR
588  48  48
589  53  (
590  82  HIR
591  16  16
592  65  ×
593  82  HIR
594  18  18
595  54  )
596  53  (
597  39  COS
598  55  ÷
599  53  (
600  82  HIR
601  16  16
602  33  X²
603  65  ×
604  01  1
605  82  HIR
606  36  36
607  82  HIR
608  17  17
609  54  )
610  22  INV
611  23  LNX
612  54  )
613  44  SUM
614  27  27
615  50  I×I
616  77  GE
617  05  05
618  89  89
619  82  HIR
620  16  16
621  32  X:T
622  02  2
623  77  GE
624  05  05
625  89  89
626  92  RTN
627  01  1
628  00  0
629  94  +/-
630  22  INV
631  28  LOG
632  32  X:T
633  53  (
634  35  1/X
635  65  ×
636  89  π
637  94  +/-
638  65  ×
639  82  HIR
640  07  07
641  82  HIR
642  18  18
643  33  X²
644  54  )
645  22  INV
646  23  LNX
647  42  STO
648  27  27
649  53  (
650  53  (
651  82  HIR
652  18  18
653  75  -
654  82  HIR
655  16  16
656  54  )
657  53  (
658  33  X²
659  65  ×
660  82  HIR
661  17  17
662  54  )
663  22  INV
664  23  LNX
665  85  +
666  53  (
667  82  HIR
668  18  18
669  85  +
670  82  HIR
671  16  16
672  54  )
673  53  (
674  33  X²
675  65  ×
676  01  1
677  82  HIR
678  36  36
679  82  HIR
680  17  17
681  54  )
682  22  INV
683  23  LNX
684  54  )
685  22  INV
686  87  IFF
687  05  05
688  06  06
689  99  99
690  87  IFF
691  06  06
692  06  06
693  96  96
694  94  +/-
695  22  INV
696  22  INV
697  86  STF
698  06  06
699  44  SUM
700  27  27
701  50  I×I
702  77  GE
703  06  06
704  49  49
705  82  HIR
706  16  16
707  32  X:T
708  02  2
709  77  GE
710  06  06
711  49  49
712  82  HIR
713  15  15
714  34  √X
715  35  1/X
716  22  INV
717  86  STF
718  06  06
719  92  RTN
```

- *Beispiel 1.2-2: Gauß-Transformation* (Halbierungsformel bezüglich w):

$$\vartheta_s\,[u, \tfrac{w}{2}] = (1+k)\,\vartheta_s\,[z, w]\,\vartheta_n\,[z, w] \quad \text{mit} \quad z = \frac{u}{1+k} \quad \text{und}$$

$$1 + k = 1 + \sqrt{m\,[w]} = \frac{2}{1+\sqrt{m\,[\frac{2}{w}]}} = \frac{2}{1+\sqrt{1-m\,[\frac{w}{2}]}}$$

$$\vartheta_c\,[u, \tfrac{w}{2}] = \vartheta_c\,[z, w]\,\vartheta_d\,[z, w]$$

$$\vartheta_d\,[u, \tfrac{w}{2}] = \vartheta_n^2\,[z, w] - k\,\vartheta_s^2\,[z, w]$$

$$\text{mit} \quad k = \sqrt{m\,[w]} = \frac{1-\sqrt{m\,[\frac{2}{w}]}}{1+\sqrt{m\,[\frac{2}{w}]}} = \frac{1-\sqrt{1-m\,[\frac{w}{2}]}}{1+\sqrt{1-m\,[\frac{w}{2}]}}$$

$$\vartheta_n\,[u, \tfrac{w}{2}] = \vartheta_n^2\,[z, w] + k\,\vartheta_s^2\,[z, w]$$

Man teste die theta-Routinen mit der Berechnung von $\vartheta_c\,[u, w/2]$ für u = 1, w = 0.7. – Für die linke Seite der zweiten Gleichung erhält man $\vartheta_c\,[1, 0.35] = 0.8940498914$, Tastenfolge 1 A' .35 B' B. Ferner ist $1 + k = 2/(1+\sqrt{1-m\,[0.35]})$, Tastenfolge 2 ÷ (1 + (1 – D') $\sqrt{x}$ =, und es wird $z = 1/(1+k)$, Tastenfolge 1/x A'. Die rechte Seite der zweiten Gleichung ergibt nun $\vartheta_c\,[z, 0.7]\,\vartheta_d\,[z, 0.7] = 0.8940498914$, Tastenfolge .7 B' B X C =

- *Beispiel 1.2-3: Imaginäres Argument.* Es gilt

$$\frac{1}{i}\,\vartheta_s\,[iu, w] = g\,\vartheta_s\,[u, \tfrac{1}{w}]$$

$$\text{mit} \quad g = \exp\left(\frac{\pi u^2}{4\,K[w]\,K[1/w]}\right) = \exp\left(\frac{\pi}{w}\,\frac{u^2}{4\,K^2[w]}\right) = \exp\left(\pi w\,\frac{u^2}{4\,K^2[1/w]}\right)$$

$$\vartheta_c\,[iu, w] = g\,\vartheta_n\,[u, \tfrac{1}{w}]$$

$$\vartheta_d\,[iu, w] = g\,\vartheta_d\,[u, \tfrac{1}{w}]$$

$$\vartheta_n\,[iu, w] = g\,\vartheta_c\,[u, \tfrac{1}{w}] \qquad (i = \sqrt{-1})$$

Man berechne $\vartheta_d\,[3\,i, \tfrac{1}{2}]$. –

Es kommt $\vartheta_d\,[3\,i, \tfrac{1}{2}] = \exp\left(\dfrac{9\pi}{8\,K^2\,[2]}\right)\vartheta_d\,[3, 2] = 4.100034553$, Tastenfolge 3 A' 2 B' 9 X π ÷ 8 ÷ C' x^2 = INV lnx X C =

- *Beispiel 1.2-4:* Zwischen den vierten Potenzen der theta-Funktionen besteht die Beziehung

$$m\,[w]\,w\,[1/w]\,\vartheta_s^4\,[u, w] + \vartheta_d^4\,[u, w] = m\,[w]\,\vartheta_c^4\,[u, w] + m\,[1/w]\,\vartheta_n^4\,[u, w]$$

(wobei $m\,[1/w] = 1 - m\,[w]$). Damit teste man die theta-Routinen (Testwerte u = 3, w = 2). – Die linke Seite der Gleichung ergibt $m\,[2]\,(1 - m\,[2])\,\vartheta_s^4\,[3, 2] + \vartheta_d^4\,[3, 2] = 0.9992287816$, Tastenfolge 3 A' 2 B' D' X (1 – D') X A x^2 x^2 + C x^2 x^2 =; die rechte Seite der Gleichung liefert $m\,[2]\,\vartheta_c^4\,[3, 2] + (1 - m\,[2])\,\vartheta_n^4\,[3, 2] = 0.9992287815$, Tastenfolge D' X B x^2 x^2 + (1 – D') X D x^2 x^2 =

- *Beispiel 1.2-5:* Man berechne sn, cn, dn [u, w] für u = 2, w = 0.7. –
Es kommt sn [2, 0.7] = 0.9898262319, Tastenfolge 2 A' .7 B' A ÷ D =; cn [2, 0.7] = 0.1422815187, Tastenfolge B ÷ D =; dn [2, 0.7] = 0.4261163389, Tastenfolge C ÷ D =

- *Beispiel 1.2-6: Amplitude.* Die Berechnung der Amplitude kann auf mehrere Arten erfolgen:

(I) $\mathrm{am}[u, w] = \arccos \mathrm{cn}[u, w] = \arccos \dfrac{\vartheta_c[u, w]}{\vartheta_n[u, w]}$ für $0 \leqslant u \leqslant 2K[w]$

(II) $\mathrm{am}[u, w] = \arcsin \mathrm{sn}[u, w] = \arcsin \dfrac{\vartheta_s[u, w]}{\vartheta_n[u, w]}$ für $-K[w] \leqslant u \leqslant K[w]$

(III) $\mathrm{am}[u, w] = \arctan \mathrm{sc}[u, w] = \arctan \dfrac{\vartheta_s[u, w]}{\vartheta_c[u, w]}$ für $-K[w] \leqslant u \leqslant K[w]$

(IV) $\mathrm{am}[u, w] = (\arccos \mathrm{cn}[u, w])\, S = \left(\arccos \dfrac{\vartheta_c[u, w]}{\vartheta_n[u, w]}\right) S$ für $-2K[w] < u < 2K[w]$

mit dem Vorzeichenfaktor $S = \mathrm{sgn}\, u = \mathrm{sgn}\, \mathrm{sn}[u, w] = \mathrm{sgn}\, \vartheta_s[u, w]$.

Man berechne am [u, w] für u = 2, w = 0.7. –
In Fortsetzung von Beispiel 1.2-5 erhält man K[0.7] = 2.346048510, Tastenfolge C', d.h. hier ist $0 < u < K[w]$, so daß *alle* obigen Formeln anwendbar sind:

(I) am [2, 0.7] = arc cos cn [2, 0.7] = 1.428030323 (im Bogenmaß),
Tastenfolge B ÷ D = INV cos

(II) am [2, 0.7] = arc sin sn [2, 0.7] = 1.428030323, Tastenfolge A ÷ D = INV sin

(III) am [2, 0.7] = arc tan sc [2, 0.7] = 1.428030323, Tastenfolge A ÷ B = INV tan

(IV) Wie (I), da hier $\vartheta_s > 0$

Bemerkungen: wie in Beispiel 1.3-15.

Programm 1.3: theta-Funktionen von Neville [nach Reihen-Entwicklung]

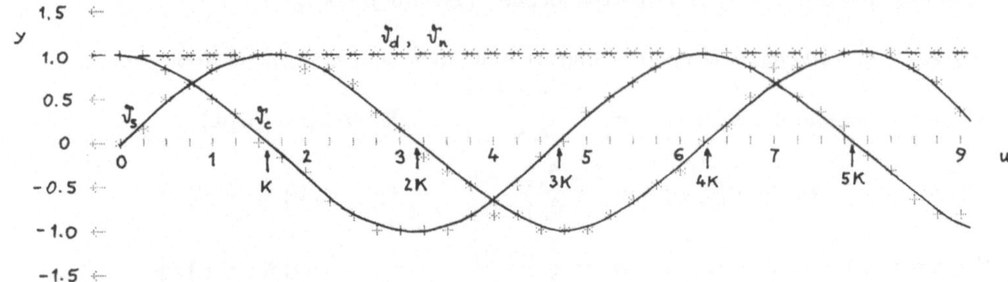

Bild 1.3-1 theta-Funktionen von Neville (mit Parameter $m = k^2$)
$y = \vartheta_s(u|m)$, $y = \vartheta_c(u|m)$, $y = \vartheta_d(u|m)$, $y = \vartheta_n(u|m)$, $0 \leqslant u \leqslant 9$, $\underline{m = 0}$
[$K(0) = \pi/2 \approx 1.571$; $\vartheta_s(u|0) = \sin u$, $\vartheta_c(u|0) = \cos u$, $\vartheta_d(u|0) = 1$, $\vartheta_n(u|0) = 1$]

(a) Algorithmus

(I) theta-Funktionen von Neville mit Parameter m:

Grundlage sind die Gln. (1.29)–(1.32) [mit den Theta-Funktionen von Jacobi aus Programm 1.1]. Für den absoluten Fehler ϵ von $\vartheta_s, \vartheta_c, \vartheta_d, \vartheta_n(u|m)$ gilt die Abschätzung $|\epsilon(u|m)| \lesssim 7 \times 10^{-10}$.

Sonderfälle:

$m = 0$: $\vartheta_s(u|0) = \sin u$, $\vartheta_c(u|0) = \cos u$, $\vartheta_d(u|0) = 1$, $\vartheta_n(u|0) = 1$
$m = 1$: $\vartheta_s(u|1) = \sinh u$, $\vartheta_c(u|1) = 1$, $\vartheta_d(u|1) = 1$, $\vartheta_n(u|1) = \cosh u$

(II) K(m), w(m): wie in Band 16, Programm 1.3; $q(m) = q[w(m)] = \exp[-\pi\, w(m)]$

(III) Elliptische Funktionen von Jacobi mit Parameter m: vgl. Kap. 2, Gl. (2.19).

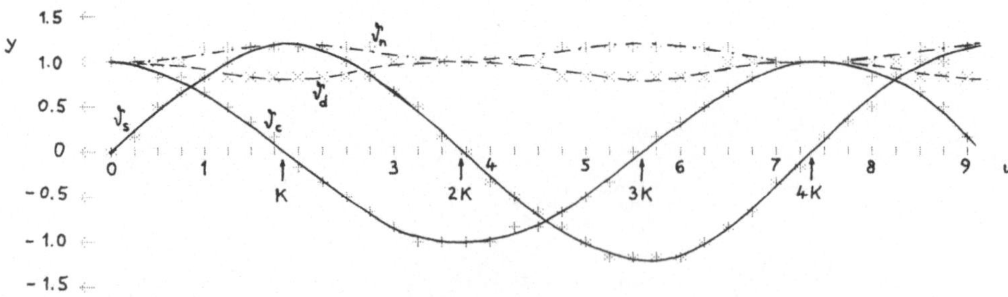

Bild 1.3-2 theta-Funktionen von Neville (mit Parameter $m = k^2$)
$y = \vartheta_s(u|m)$, $y = \vartheta_c(u|m)$, $y = \vartheta_d(u|m)$, $y = \vartheta_n(u|m)$, $0 \leqslant u \leqslant 9$, $\underline{m = 0.5}$
[$K(0.5) \approx 1.854$]

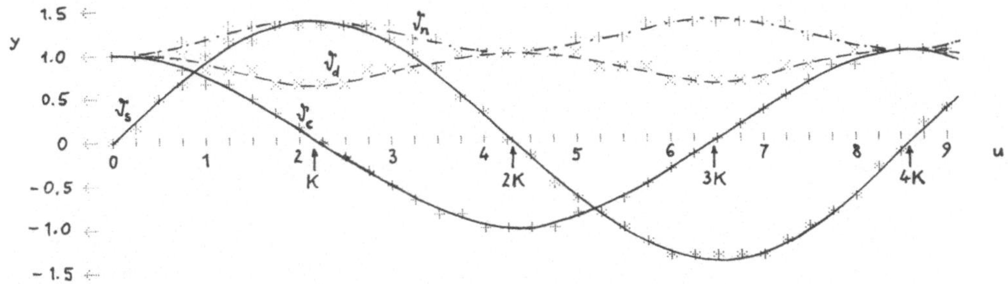

Bild 1.3-3 theta-Funktionen von Neville (mit Parameter $m = k^2$)
$y = \vartheta_s(u|m)$, $y = \vartheta_c(u|m)$, $y = \vartheta_d(u|m)$, $y = \vartheta_n(u|m)$, $0 \leqslant u \leqslant 9$, $\underline{m = 0.75}$
$[K(0.75) \approx 2.157]$

(b) Bedienungshinweise

Programmadreß-Tasten:

u	m → START	K(m)	w(m)	
$\vartheta_s(u\|m)$	$\vartheta_c(u\|m)$	$\vartheta_d(u\|m)$	$\vartheta_n(u\|m)$	

Speicherbereichsverteilung: Grundstellung
Programm laden: 2 Magnetkartenseiten einlesen (Block 1 und 3)
Winkelmodus: beliebig (zurück bleibt Rad)
Anzeigeformat: beliebig (zurück bleibt INV Fix)
Argumentbereich:
(I) $\vartheta_s, \vartheta_c, \vartheta_d, \vartheta_n(u|m)$: etwa $-10^{12} < u < 10^{12}$, $0 \leqslant m \leqslant 1$;
(II) $K(m)$, $w(m)$: $0 \leqslant m \leqslant 1$
Genauigkeit (Richtwert): 9 D/S

Bemerkung: Nach Eingabe von Argument u (Taste A') und Parameter m (Taste B') startet die Berechnung. Am Ende der Rechnung erscheint wieder der Parameter m in der Anzeige. Nun stehen die Werte $\vartheta_s, \vartheta_c, \vartheta_d, \vartheta_n$, K, w *gleichzeitig* zur Verfügung: sie sind in beliebiger Reihenfolge (und beliebig oft) durch die entsprechenden Tasten sofort abrufbar.

Programmkenndaten

Speicherbedarf: effektiv 231 Programmschritte, 38 Datenregister ($R_{20}-R_{57}$)
Labels: A–D, A'–D'; abs. Adressen: ja; T-Reg.: verwendet; Flags: Nr. 5, 6
CE: verwendet
SBR-Ebenen / Klammer-Ebenen / unvollständige Op.-Ebenen:

$\vartheta_s, \vartheta_c, \vartheta_d, \vartheta_n(u|m)$, $K(m)$, $w(m)$: 2/3/6

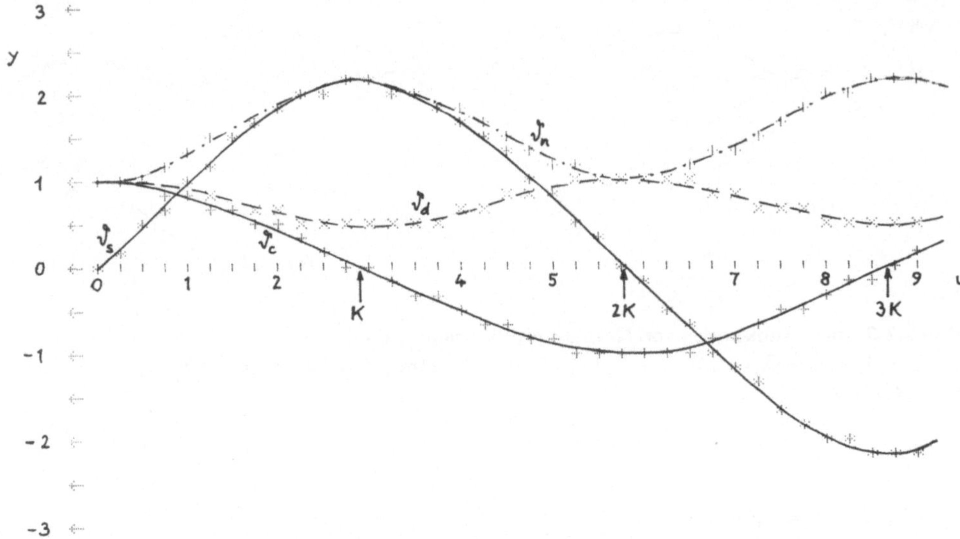

Bild 1.3-4 theta-Funktionen von Neville (mit Parameter $m = k^2$)
$y = \vartheta_s(u|m)$, $y = \vartheta_c(u|m)$, $y = \vartheta_d(u|m)$, $y = \vartheta_n(u|m)$, $0 \leqslant u \leqslant 9$, $\underline{m = 0.95}$
[$K(0.95) \approx 2.908$]

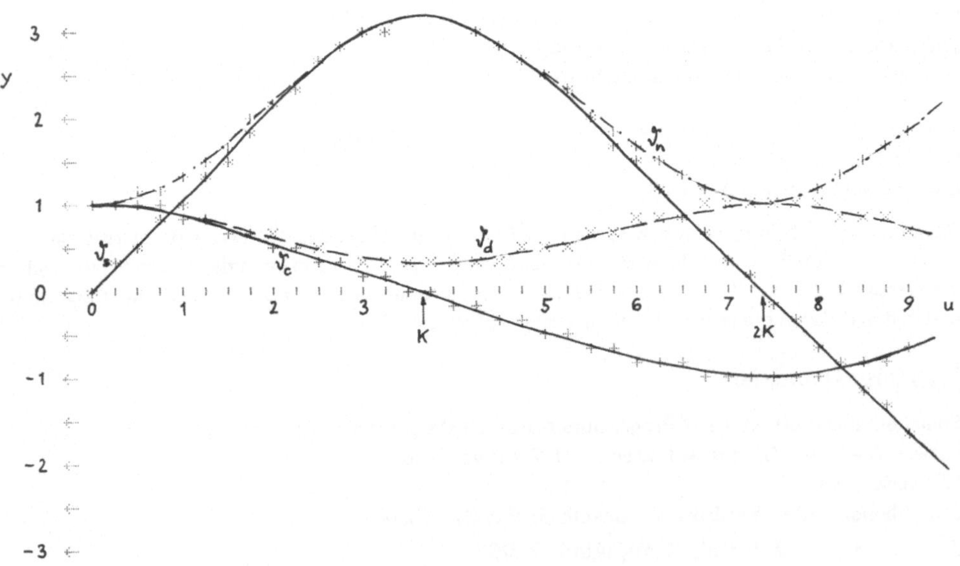

Bild 1.3-5 theta-Funktionen von Neville (mit Parameter $m = k^2$)
$y = \vartheta_s(u|m)$, $y = \vartheta_c(u|m)$, $y = \vartheta_d(u|m)$, $y = \vartheta_n(u|m)$, $0 \leqslant u \leqslant 9$, $\underline{m = 0.99}$
[$K(0.99) \approx 3.696$]

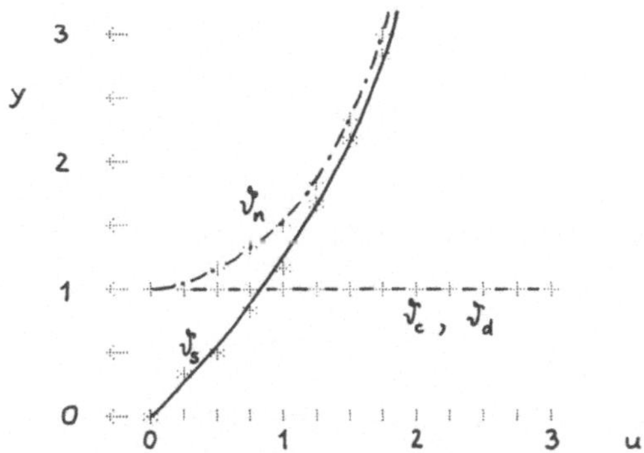

Bild 1.3-6 theta-Funktionen von Neville (mit Parameter $m = k^2$)
$y = \vartheta_s(u|m)$, $y = \vartheta_c(u|m)$, $y = \vartheta_d(u|m)$, $y = \vartheta_n(u|m)$, $0 \leqslant u \leqslant 3$, $\underline{m = 1}$
$[K(1) = \infty$; $\vartheta_s(u|1) = \sinh u$, $\vartheta_c(u|1) = 1$, $\vartheta_d(u|1) = 1$, $\vartheta_n(u|1) = \cosh u]$

(c) Checkwerte

$\vartheta_s(\pi|1/\pi) = 0.3039531899$
$\vartheta_c(\pi|1/\pi) = -0.9607670287$
$\vartheta_d(\pi|1/\pi) = 0.9930019926$
$\vartheta_n(\pi|1/\pi) = 1.007700762$
$K(1/\pi) = 1.724756270$
$w(1/\pi) = 1.188124289$

(Laufzeit 48 Sek.), Tastenfolge π A' 1/x B', dann A, B, C, D, C', D' (in beliebiger Reihenfolge und beliebig oft)

(Fortsetzung:)

$sn(\pi|1/\pi) = \vartheta_s(\pi|1/\pi) / \vartheta_n(\pi|1/\pi) = 0.3016304060$, Tastenfolge A ÷ D =
$cn(\pi|1/\pi) = \vartheta_c(\pi|1/\pi) / \vartheta_n(\pi|1/\pi) = -0.9534249305$, Tastenfolge B ÷ D =
$dn(\pi|1/\pi) = \vartheta_d(\pi|1/\pi) / \vartheta_n(\pi|1/\pi) = 0.9854135576$, Tastenfolge C ÷ D =
$sc(\pi|1/\pi) = \vartheta_s(\pi|1/\pi) / \vartheta_c(\pi|1/\pi) = -0.3163651341$, Tastenfolge A ÷ B =
$am(\pi|1/\pi) = \arccos cn(\pi|1/\pi) = 2.835190409$, Tastenfolge B ÷ D = Rad INV cos
$q(1/\pi) = q[w(1/\pi)] = \exp[-\pi w(1/\pi)] = 0.0239304747$, Tastenfolge D' +/− X π = INV lnx

(d) Datenregister

Das Programm wird in Grundstellung der Speicherbereichsverteilung eingelesen und benutzt effektiv 38 Datenregister ($R_{20} - R_{57}$).

Andere Zählung: das eigentliche Programm benötigt 454 Schritte und nur 10 Datenregister (R_{20} w, R_{21} ϑ_s, R_{22} ϑ_c, R_{23} ϑ_d, R_{24} ϑ_n, R_{25} u, R_{26} K, R_{27} Hilfswerte, R_{28} v_{red}, R_{29} v_{Red}). Während der Ausführung schaltet das Programm vorübergehend auf die Verteilung 719.29 und benutzt Block 3 als Programmteil.

Tabelle 1.3-1 theta-Funktionen von Neville (mit Parameter $m = k^2$)
$\vartheta_p(u|m)$, $p = s, c, d, n$; $u = 1$; $m = 0(.1)1$, 9D

m	$\vartheta_s(1\|m)$	$\vartheta_c(1\|m)$	$\vartheta_d(1\|m)$	$\vartheta_n(1\|m)$
0.0	0.841470985	0.540302306	1.000000000	1.000000000
0.1	0.849269893	0.561795948	0.982210195	1.018264603
0.2	0.857682386	0.584245589	0.964281166	1.037767788
0.3	0.866848991	0.607833053	0.946287505	1.058720073
0.4	0.876966467	0.632754061	0.928342508	1.081410137
0.5	0.888324441	0.659301803	0.910625622	1.106254573
0.6	0.901379486	0.687924041	0.893439129	1.133897907
0.7	0.916926907	0.719376910	0.877342364	1.165443302
0.8	0.936593093	0.755160618	0.863544373	1.203110211
0.9	0.964920258	0.799341699	0.855601696	1.253003694
1.0	1.175201194	1.000000000	1.000000000	1.543080635

Tabelle 1.3-2 theta-Funktionen von Neville (mit Parameter $m = k^2$)
$\vartheta_p(u|m)$, $p = s, c, d, n$; $u = 1$; $m = 1 - 10^{-a}$ mit $a = 1(1)9$, 9D

m	$\vartheta_s(1\|m)$	$\vartheta_c(1\|m)$	$\vartheta_d(1\|m)$	$\vartheta_n(1\|m)$
0.9	0.964920258	0.799341699	0.855601696	1.253003694
0.99	1.026030688	0.870739005	0.876763256	1.345706279
0.999	1.059826565	0.901584857	0.902207563	1.391433650
0.9999	1.081104615	0.919906952	0.919970477	1.419512588
0.99999	1.095748755	0.932389990	0.932396429	1.438755166
0.999999	1.106448271	0.941496640	0.941497291	1.452805459
0.9999999	1.114608488	0.948440543	0.948440609	1.463520258
0.99999999	1.121037471	0.953911104	0.953911110	1.471961754
0.999999999	1.126233255	0.958332293	0.958332294	1.478784004

(e) Eingabe des Programms

Speicherbereichsverteilung durch 2 Op 17 einstellen auf 799.19. Programm eintasten. (Eingabe des Befehls HIR: Band 3/I, Anhang A.) Speicherbereichsverteilung durch 6 Op 17 auf Grundstellung setzen. Block 1 und 3 auf je eine Magnetkartenseite aufzeichnen.

Programmstruktur

Schritt 037–167, 169–193, 550–719 $\vartheta_s, \vartheta_c, \vartheta_d, \vartheta_n\ (u|m)$
(080–111 w(m); 114–134 Argument-Reduktion;
169–193, 550–719 $\Theta_1, \Theta_2, \Theta_3, \Theta_4$)
497–517 Sonderfall m = 0, 518–549 Sonderfall m = 1; 195–229 K(m)

1. Liste zu Programm 1.3

```
000  76  LBL
001  19  D'
002  43  RCL
003  20  20
004  92  RTN
005  76  LBL
006  18  C'
007  43  RCL
008  26  26
009  92  RTN
010  76  LBL
011  11  A
012  43  RCL
013  21  21
014  92  RTN
015  76  LBL
016  12  B
017  43  RCL
018  22  22
019  92  RTN
020  76  LBL
021  13  C
022  43  RCL
023  23  23
024  92  RTN
025  76  LBL
026  14  D
027  43  RCL
028  24  24
029  92  RTN
030  76  LBL
031  16  A'
032  42  STO
033  25  25
034  92  RTN
035  76  LBL
036  17  B'
037  70  RAD
038  22  INV
039  58  FIX
040  82  HIR
041  05  05
042  32  X⇌T
043  03  3
044  69  OP
045  17  17
046  89  π
047  42  STO
048  26  26
049  00  0
050  67  EQ
051  04  04
052  97  97
053  53  (
054  01  1
055  67  EQ
056  05  05
057  18  18
058  75  -
059  01  1
060  00  0
061  94  +/-
062  22  INV
063  28  LOG
064  54  )
065  32  X⇌T
066  53  (
067  94  +/-
068  85  +
069  01  1
070  54  )
071  34  √X
072  82  HIR
073  08  08
074  34  √X
075  35  1/X
076  42  STO
077  21  21
078  42  STO
079  24  24
080  53  (
081  71  SBR
082  01  01
083  95  95
084  55  ÷
085  22  INV
086  49  PRD
087  26  26
088  34  √X
089  49  PRD
090  21  21
091  42  STO
092  22  22
093  42  STO
094  23  23
095  49  PRD
096  24  24
097  82  HIR
098  15  15
099  34  √X
100  82  HIR
101  08  08
102  34  √X
103  35  1/X
104  49  PRD
105  21  21
106  49  PRD
107  22  22
108  71  SBR
109  01  01
110  95  95
111  54  )
112  42  STO
113  20  20
114  53  (
115  43  RCL
116  25  25
117  55  ÷
118  18  C'
119  55  ÷
120  22  INV
121  59  INT
122  42  STO
123  28  28
124  02  2
125  42  STO
126  29  29
127  22  INV
128  49  PRD
129  26  26
130  54  )
131  22  INV
132  59  INT
133  49  PRD
134  29  29
135  86  STF
136  05  05
137  71  SBR
138  01  01
139  69  69
140  49  PRD
141  21  21
142  53  (
143  71  SBR
144  01  01
145  73  73
146  49  PRD
147  22  22
148  22  INV
149  86  STF
150  05  05
151  53  (
152  71  SBR
153  01  01
154  82  82
155  49  PRD
156  23  23
157  71  SBR
158  01  01
159  78  78
160  49  PRD
161  24  24
162  06  6
163  69  OP
164  17  17
165  82  HIR
166  15  15
167  24  CE
168  92  RTN
169  53  (
170  93  .
171  05  5
172  75  -
173  43  RCL
174  29  29
175  61  GTO
176  01  01
177  84  84
178  53  (
179  93  .
180  05  5
181  75  -
182  43  RCL
183  28  28
184  54  )
185  82  HIR
186  08  08
187  71  SBR
188  05  05
189  50  50
190  49  PRD
191  27  27
192  43  RCL
193  27  27
194  92  RTN
195  01  1
196  42  STO
197  27  27
198  53  (
199  53  (
200  82  HIR
201  18  18
202  85  +
203  43  RCL
204  27  27
205  54  )
206  55  ÷
207  02  2
208  54  )
209  53  (
210  48  EXC
211  27  27
212  65  ×
213  82  HIR
214  18  18
215  54  )
216  34  √X
217  53  (
218  82  HIR
219  08  08
220  55  ÷
221  43  RCL
222  27  27
223  54  )
224  22  INV
225  77  GE
226  01  01
227  98  98
228  43  RCL
229  27  27
230  92  RTN
```

2. Liste zu Programm 1.3

Schritt	Code	Taste
497	35	1/X
498	42	STO
499	20	20
500	01	1
501	42	STO
502	24	24
503	02	2
504	22	INV
505	49	PRD
506	26	26
507	43	RCL
508	25	25
509	38	SIN
510	42	STO
511	21	21
512	43	RCL
513	25	25
514	39	COS
515	61	GTO
516	05	05
517	42	42
518	00	0
519	42	STO
520	20	20
521	35	1/X
522	42	STO
523	26	26
524	43	RCL
525	25	25
526	53	(
527	22	INV
528	23	LNX
529	75	-
530	35	1/X
531	42	STO
532	24	24
533	54	)
534	55	÷
535	02	2
536	54	)
537	42	STO
538	21	21
539	44	SUM
540	24	24
541	01	1
542	42	STO
543	22	22
544	01	1
545	42	STO
546	23	23
547	61	GTO
548	01	01
549	62	62
550	19	D'
551	32	X⇄T
552	01	1
553	82	HIR
554	06	06
555	77	GE
556	06	06
557	28	28
558	00	0
559	87	IFF
560	05	05
561	05	05
562	65	65
563	93	.
564	05	5
565	42	STO
566	27	27
567	02	2
568	82	HIR
569	48	48
570	22	INV
571	87	IFF
572	05	05
573	05	05
574	77	77
575	82	HIR
576	66	66
577	01	1
578	00	0
579	94	+/-
580	22	INV
581	28	LOG
582	32	X⇄T
583	82	HIR
584	07	07
585	89	π
586	82	HIR
587	47	47
588	82	HIR
589	48	48
590	53	(
591	82	HIR
592	16	16
593	65	×
594	82	HIR
595	18	18
596	54	)
597	53	(
598	39	COS
599	55	÷
600	53	(
601	82	HIR
602	16	16
603	33	X^2
604	65	×
605	01	1
606	82	HIR
607	36	36
608	82	HIR
609	17	17
610	54	)
611	22	INV
612	23	LNX
613	54	)
614	44	SUM
615	27	27
616	50	I×I
617	77	GE
618	05	05
619	90	90
620	82	HIR
621	16	16
622	32	X⇄T
623	02	2
624	77	GE
625	05	05
626	90	90
627	92	RTN
628	01	1
629	00	0
630	94	+/-
631	22	INV
632	28	LOG
633	32	X⇄T
634	53	(
635	35	1/X
636	65	×
637	89	π
638	94	+/-
639	65	×
640	82	HIR
641	07	07
642	82	HIR
643	18	18
644	33	X^2
645	54	)
646	22	INV
647	23	LNX
648	42	STO
649	27	27
650	53	(
651	53	(
652	82	HIR
653	18	18
654	75	-
655	82	HIR
656	16	16
657	54	)
658	53	(
659	33	X^2
660	65	×
661	82	HIR
662	17	17
663	54	)
664	22	INV
665	23	LNX
666	85	+
667	53	(
668	82	HIR
669	18	18
670	85	+
671	82	HIR
672	16	16
673	54	)
674	53	(
675	33	X^2
676	65	×
677	01	1
678	82	HIR
679	36	36
680	82	HIR
681	17	17
682	54	)
683	22	INV
684	23	LNX
685	54	)
686	22	INV
687	87	IFF
688	05	05
689	07	07
690	00	00
691	87	IFF
692	06	06
693	06	06
694	97	97
695	94	+/-
696	22	INV
697	22	INV
698	86	STF
699	06	06
700	44	SUM
701	27	27
702	50	I×I
703	77	GE
704	06	06
705	50	50
706	82	HIR
707	16	16
708	32	X⇄T
709	02	2
710	77	GE
711	06	06
712	50	50
713	19	D'
714	34	√X
715	35	1/X
716	22	INV
717	86	STF
718	06	06
719	92	RTN

(f) Funktions-Anwendungen

- *Beispiel 1.3-1:* Negative Werte des Parameters m lassen sich durch eine Funktionalgleichung *(Reflexionsformel)* berücksichtigen:

$$\vartheta_s(u|m) = \frac{1}{\sqrt{1-m}}\,\vartheta_s\left(u\sqrt{1-m}\,\middle|\,\frac{m}{m-1}\right)$$

$$\vartheta_c(u|m) = \vartheta_c\left(u\sqrt{1-m}\,\middle|\,\frac{m}{m-1}\right)$$

$$\vartheta_d(u|m) = \vartheta_n\left(u\sqrt{1-m}\,\middle|\,\frac{m}{m-1}\right)$$

$$\vartheta_n(u|m) = \vartheta_d\left(u\sqrt{1-m}\,\middle|\,\frac{m}{m-1}\right)$$

Man berechne $\vartheta_s, \vartheta_c, \vartheta_d, \vartheta_n\,(u|m)$ für $u = 1$, $m = -8$. –
Es kommt $\vartheta_s(1|-8) = \frac{1}{3}\,\vartheta_s(3|\frac{8}{9}) = 0.5495191225$, Tastenfolge 3 A' 8 ÷ 9 = B' A ÷ 3 = ;
$\vartheta_c(1|-8) = \vartheta_c(3|\frac{8}{9}) = -0.2699715589$, Tastenfolge B; $\vartheta_d(1|-8) = \vartheta_n(3|\frac{8}{9}) = 1.670516697$,
Tastenfolge D; $\vartheta_n(1|-8) = \vartheta_d(3|\frac{8}{9}) = 0.6122547742$, Tastenfolge C

- *Beispiel 1.3-2:* Werte des Parameters m, die über 1 liegen, lassen sich durch eine Funktionalgleichung *(Inversionsformel)* berücksichtigen:

$$\vartheta_s(u|m) = \frac{1}{\sqrt{m}}\,\vartheta_s(u\sqrt{m}\,|\,\tfrac{1}{m})$$

$$\vartheta_c(u|m) = \vartheta_d(u\sqrt{m}\,|\,\tfrac{1}{m})$$

$$\vartheta_d(u|m) = \vartheta_c(u\sqrt{m}\,|\,\tfrac{1}{m})$$

$$\vartheta_n(u|m) = \vartheta_n(u\sqrt{m}\,|\,\tfrac{1}{m})$$

Man berechne $\vartheta_s, \vartheta_c, \vartheta_d, \vartheta_n\,(u|m)$ für $u = 2$, $m = 9$. –
Es kommt $\vartheta_s(2|9) = \frac{1}{3}\,\vartheta_s(6|\frac{1}{9}) = -0.1511534176$, Tastenfolge 6 A' 9 1/x B' A ÷ 3 = ;
$\vartheta_c(2|9) = \vartheta_d(6|\frac{1}{9}) = 0.9943727155$, Tastenfolge C; $\vartheta_d(2|9) = \vartheta_c(6|\frac{1}{9}) = 0.8977740540$,
Tastenfolge B; $\vartheta_n(2|9) = \vartheta_n(6|\frac{1}{9}) = 1.005795433$, Tastenfolge D

- *Beispiel 1.3-3: Aufsteigende Landen-Transformation.* Mit den Abkürzungen $k = \sqrt{m}$ und $M = 4k/(1+k)^2$ gilt

$$\vartheta_s(u|m) = \frac{2}{1+k}\,\vartheta_s(y|m)\,\vartheta_c(y|M) \quad \text{mit} \quad y = \frac{1+k}{2}\,u$$

$$\vartheta_c(u|m) = \vartheta_c^2(y|M) - \frac{1-k}{1+k}\,\vartheta_s^2(y|M)$$

$$\vartheta_d(u|m) = \vartheta_c^2(y|M) + \frac{1-k}{1+k}\,\vartheta_s^2(y|M)$$

$$\vartheta_n(u|m) = \vartheta_n(y|M)\,\vartheta_d(y|M)$$

Man teste die theta-Routinen mit der Berechnung von $\vartheta_d(1|1/9)$. –

Mit $m = \frac{1}{9}$ wird $k = \frac{1}{3}$, $M = \frac{3}{4}$. Es kommt $\vartheta_d(1\,|\,\frac{1}{9}) = \vartheta_c^2(\frac{2}{3}\,|\,\frac{3}{4}) + \frac{1}{2}\,\vartheta_s^2(\frac{2}{3}\,|\,\frac{3}{4}) = 0.9802238389$, Tastenfolge 2 ÷ 3 = A' .75 B' B x^2 + A x^2 ÷ 2 =

Kontrolle: auf direktem Weg erhält man $\vartheta_d(1\,|\,\frac{1}{9}) = 0.9802238389$, Tastenfolge 1 A' 9 1/x B' C

- *Beispiel 1.3-4: Absteigende Landen-Transformation.* (Umkehrung zur aufsteigenden Landen-Transformation aus Beispiel 1.3-3.) Mit den Abkürzungen $\kappa = \sqrt{1-m}$ und $\mu = [(1-\kappa)/(1+\kappa)]^2$ gilt

$$\vartheta_s(u\,|\,\mu) = (1+\kappa)\,\vartheta_s(v\,|\,m)\,\vartheta_c(v\,|\,m) \quad \text{mit} \quad v = \frac{u}{1+\kappa}$$

$$\vartheta_c(u\,|\,\mu) = \vartheta_c^2(v\,|\,m) - \kappa\,\vartheta_s^2(v\,|\,m)$$

$$\vartheta_d(u\,|\,\mu) = \vartheta_c^2(v\,|\,m) + \kappa\,\vartheta_s^2(v\,|\,m)$$

$$\vartheta_n(u\,|\,\mu) = \vartheta_n(v\,|\,m)\,\vartheta_d(v\,|\,m)$$

Man teste die theta-Routinen mit der Berechnung von $\vartheta_n(u\,|\,\mu)$ für $u = 1$, $m = 8/9$. –
Mit $m = \frac{8}{9}$ wird $\kappa = \frac{1}{3}$, $\mu = \frac{1}{4}$. Es kommt $\vartheta_n(1\,|\,\frac{1}{4}) = \vartheta_n(\frac{3}{4}\,|\,\frac{8}{9})\,\vartheta_d(\frac{3}{4}\,|\,\frac{8}{9}) = 1.048047015$, Tastenfolge .75 A' 8 ÷ 9 = B' D X C =

Kontrolle: auf direktem Weg erhält man $\vartheta_n(1\,|\,\frac{1}{4}) = 1.048047015$, Tastenfolge 1 A' 4 1/x B' D

- *Beispiel 1.3-5: Aufsteigende Gauß-Transformation.* Mit den Abkürzungen $k = \sqrt{m}$ und $M = 4k/(1+k)^2$ gilt

$$\vartheta_s(u\,|\,M) = (1+k)\,\vartheta_s(z\,|\,m)\,\vartheta_n(z\,|\,m) \quad \text{mit} \quad z = \frac{u}{1+k}$$

$$\vartheta_c(u\,|\,M) = \vartheta_c(z\,|\,m)\,\vartheta_d(z\,|\,m)$$

$$\vartheta_d(u\,|\,M) = \vartheta_n^2(z\,|\,m) - k\,\vartheta_s^2(z\,|\,m)$$

$$\vartheta_n(u\,|\,M) = \vartheta_n^2(z\,|\,m) + k\,\vartheta_s^2(z\,|\,m)$$

Man teste die theta-Routinen mit der Berechnung von $\vartheta_c(u\,|\,M)$ für $u = 2$, $m = 1/9$. –
Mit $m = \frac{1}{9}$ wird $k = \frac{1}{3}$, $M = \frac{3}{4}$. Es kommt $\vartheta_c(2\,|\,\frac{3}{4}) = \vartheta_c(\frac{3}{2}\,|\,\frac{1}{9})\,\vartheta_d(\frac{3}{2}\,|\,\frac{1}{9}) = 0.1104767080$, Tastenfolge 1.5 A' 9 1/x B' B X C =

Kontrolle: auf direktem Weg erhält man $\vartheta_c(2\,|\,\frac{3}{4}) = 0.1104767080$, Tastenfolge 2 A' .75 B' B

- *Beispiel 1.3-6: Absteigende Gauß-Transformation.* (Umkehrung zur aufsteigenden Gauß-Transformation aus Beispiel 1.3-5.) Mit den Abkürzungen $\kappa = \sqrt{1-m}$ und $\mu = [(1-\kappa)/(1+\kappa)]^2$ gilt

$$\vartheta_s(u\,|\,m) = \frac{2}{1+\kappa}\,\vartheta_s(r\,|\,\mu)\,\vartheta_n(r\,|\,\mu) \quad \text{mit} \quad r = \frac{1+\kappa}{2}\,u$$

$$\vartheta_c(u\,|\,m) = \vartheta_c(r\,|\,\mu)\,\vartheta_d(r\,|\,\mu)$$

$$\vartheta_d(u\,|\,m) = \vartheta_n^2(r\,|\,\mu) - \frac{1-\kappa}{1+\kappa}\,\vartheta_s^2(r\,|\,\mu)$$

$$\vartheta_n(u\,|\,m) = \vartheta_n^2(r\,|\,\mu) + \frac{1-\kappa}{1+\kappa}\,\vartheta_s^2(r\,|\,\mu)$$

Man teste die theta-Routinen mit der Berechnung von $\vartheta_s(1/4\,|\,5/9)$. –

Mit $m = \frac{5}{9}$ wird $\kappa = \frac{2}{3}$, $\mu = \frac{1}{25}$. Es kommt $\vartheta_s(\frac{1}{4}|\frac{5}{9}) = \frac{6}{5}\,\vartheta_s(\frac{5}{24}|\frac{1}{25})\,\vartheta_n(\frac{5}{24}|\frac{1}{25}) = 0.2483387949$, Tastenfolge 5 ÷ 24 = A' 25 1/x B' A X D X 1.2 =

Kontrolle: auf direktem Weg erhält man $\vartheta_s(\frac{1}{4}|\frac{5}{9}) = 0.2483387948$, Tastenfolge 4 1/x A' 5 ÷ 9 = B' A

- *Beispiel 1.3-7: Imaginäres Argument.* Es gilt

$$\frac{1}{i}\,\vartheta_s(iu|m) = g\,\vartheta_s(u|1-m) \quad \text{mit} \quad g = \exp\left[\frac{\pi u^2}{4\,K(m)\,K(1-m)}\right]$$

$$\vartheta_c(iu|m) = g\,\vartheta_n(u|1-m)$$

$$\vartheta_d(iu|m) = g\,\vartheta_d(u|1-m)$$

$$\vartheta_n(iu|m) = g\,\vartheta_c(u|1-m) \qquad (i = \sqrt{-1})$$

Man berechne $\vartheta_d(3i|\frac{1}{2})$. –

Es kommt $\vartheta_d(3i|\frac{1}{2}) = \exp\left[\frac{9\pi}{4\,K^2(\frac{1}{2})}\right]\vartheta_d(3|\frac{1}{2}) = 7.420138979$, Tastenfolge 3 A' .5 B' 9 X π ÷ 4 ÷ C' x^2 = INV lnx X C =

- *Beispiel 1.3-8: Additionsformeln* (Auswahl):

$$\vartheta_s(u+v|m)\,\vartheta_n(u-v|m) = \vartheta_s(u|m)\,\vartheta_c(v|m)\,\vartheta_n(u|m)\,\vartheta_d(v|m) + \vartheta_c(u|m)\,\vartheta_s(v|m)\,\vartheta_d(u|m)\,\vartheta_n(v|m)$$

$$\vartheta_c(u+v|m)\,\vartheta_n(u-v|m) = \vartheta_c(u|m)\,\vartheta_c(v|m)\,\vartheta_n(u|m)\,\vartheta_n(v|m) - \vartheta_s(u|m)\,\vartheta_s(v|m)\,\vartheta_d(u|m)\,\vartheta_d(v|m)$$

$$\vartheta_d(u+v|m)\,\vartheta_n(u-v|m) = \vartheta_d(u|m)\,\vartheta_d(v|m)\,\vartheta_n(u|m)\,\vartheta_n(v|m) - m\,\vartheta_s(u|m)\,\vartheta_s(v|m)\,\vartheta_c(u|m)\,\vartheta_c(v|m)$$

$$\vartheta_n(u+v|m)\,\vartheta_n(u-v|m) = \vartheta_n^2(u|m)\,\vartheta_n^2(v|m) - m\,\vartheta_s^2(u|m)\,\vartheta_s^2(v|m)$$

Für v = u erhält man *Verdopplungsformeln* bezüglich u:

$$\vartheta_s(2u|m) = 2\,\vartheta_s(u|m)\,\vartheta_c(u|m)\,\vartheta_d(u|m)\,\vartheta_n(u|m)$$

$$\vartheta_c(2u|m) = \vartheta_c^2(u|m)\,\vartheta_n^2(u|m) - \vartheta_s^2(u|m)\,\vartheta_d^2(u|m)$$

$$\vartheta_d(2u|m) = \vartheta_d^2(u|m)\,\vartheta_n^2(u|m) - m\,\vartheta_s^2(u|m)\,\vartheta_c^2(u|m)$$

$$\vartheta_n(2u|m) = \vartheta_n^4(u|m) - m\,\vartheta_s^4(u|m)$$

Mit der letzten Gleichung teste man die theta-Routinen (Testwerte u = 1, m = 1/2). –

Es kommt $\vartheta_n(2|\frac{1}{2}) = \vartheta_n^4(1|\frac{1}{2}) - \frac{1}{2}\,\vartheta_s^4(1|\frac{1}{2}) = 1.186328999$, Tastenfolge 1 A' .5 B' D x^2 x^2 – A x^2 x^2 ÷ 2 =

Kontrolle: auf direktem Weg erhält man $\vartheta_n(2|\frac{1}{2}) = 1.186328999$, Tastenfolge 2 A' .5 B' D

- *Beispiel 1.3-9:* Zwischen den vierten Potenzen der theta-Funktionen besteht die Beziehung (die jener aus Beispiel 1.2-4 entspricht)

$$m(1-m)\,\vartheta_s^4(u|m) + \vartheta_d^4(u|m) = m\,\vartheta_c^4(u|m) + (1-m)\,\vartheta_n^4(u|m)$$

Damit teste man die theta-Routinen (Testwerte u = 1, m = 1/2). –

Die linke Seite der Gleichung ergibt $\frac{1}{4}\,\vartheta_s^4(1\,|\,\frac{1}{2}) + \vartheta_d^4(1\,|\,\frac{1}{2}) = 0.8433150750$, Tastenfolge 1 A' .5 B' A x^2 x^2 ÷ 4 + C x^2 x^2 =; die rechte Seite der Gleichung liefert $\frac{1}{2}\,\vartheta_c^4(1\,|\,\frac{1}{2}) + \frac{1}{2}\,\vartheta_n^4(1\,|\,\frac{1}{2}) = 0.8433150750$, Tastenfolge B x^2 x^2 ÷ 2 + D x^2 x^2 ÷ 2 =

- *Beispiel 1.3-10:* Spezieller Argumentwert u = K:

$$\vartheta_s(K(m)\,|\,m) = 1/(1-m)^{1/4} \qquad (-\infty < m < 1;\ \text{für Programm 1.3: } 0 \leqslant m < 1)$$
$$\vartheta_c(K(m)\,|\,m) = 0$$
$$\vartheta_d(K(m)\,|\,m) = (1-m)^{1/4}$$
$$\vartheta_n(K(m)\,|\,m) = 1/(1-m)^{1/4}$$

Damit teste man die theta-Routinen (Testwert m = 1/3). –
Es kommt $K(1/3) = 1.733916885$, Tastenfolge 3 1/x B' C' A'. Man erhält $\vartheta_s(K(1/3)\,|\,1/3) = (3/2)^{1/4} = 1.106681920$, Tastenfolge 3 1/x B' A; $\vartheta_c(K(1/3)\,|\,1/3) = 0$, Tastenfolge B; $\vartheta_d(K(1/3)\,|\,1/3) = (2/3)^{1/4} = 0.9036020036$, Tastenfolge C; $\vartheta_n(K(1/3)\,|\,1/3) = (3/2)^{1/4} = 1.106681920$, Tastenfolge D

- *Beispiel 1.3-11:* Spezieller Argumentwert $u = \frac{1}{2}$ K:

$$\vartheta_s(\tfrac{1}{2}K(m)\,|\,m) = \left(\frac{1}{2\kappa\,(1+\kappa)\sqrt{\kappa}}\right)^{1/4} \quad \text{mit } \kappa = \sqrt{1-m}$$
$$(-\infty < m < 1;\ \text{für Programm 1.3: } 0 \leqslant m < 1)$$
$$\vartheta_c(\tfrac{1}{2}K(m)\,|\,m) = \left(\frac{\sqrt{\kappa}}{2(1+\kappa)}\right)^{1/4}$$
$$\vartheta_d(\tfrac{1}{2}K(m)\,|\,m) = \left(\frac{(1+\kappa)\sqrt{\kappa}}{2}\right)^{1/4}$$
$$\vartheta_n(\tfrac{1}{2}K(m)\,|\,m) = \left(\frac{1+\kappa}{2\kappa\sqrt{\kappa}}\right)^{1/4}$$

Damit teste man die theta-Routinen (Testwert m = 3/4). –
Mit $m = \frac{3}{4}$ wird $\kappa = \frac{1}{2}$. Es kommt $\frac{1}{2}K(\frac{3}{4}) = 1.078257824$, Tastenfolge .75 B' C' ÷ 2 = A'.
Man erhält $\vartheta_s(\frac{1}{2}K(\frac{3}{4})\,|\,\frac{3}{4}) = \left(\frac{2\sqrt{2}}{3}\right)^{1/4} = 0.9853849722$, Tastenfolge .75 B' A; $\vartheta_c(\frac{1}{2}K(\frac{3}{4})\,|\,\frac{3}{4}) = \frac{1}{(3\sqrt{2})^{1/4}} = 0.6967723959$, Tastenfolge B; $\vartheta_d(\frac{1}{2}K(\frac{3}{4})\,|\,\frac{3}{4}) = \left(\frac{3}{4\sqrt{2}}\right)^{1/4} = 0.8533684184$, Tastenfolge C; $\vartheta_n(\frac{1}{2}K(\frac{3}{4})\,|\,\frac{3}{4}) = \left(\frac{3}{\sqrt{2}}\right)^{1/4} = 1.206845191$, Tastenfolge D

- *Beispiel 1.3-12:* Aus einem bekannten Tabellenwerk[1)] sind Werte der Neville-theta-Funktion $\vartheta_n(u\,|\,m)$ entnehmbar:

m	u = 0.75	u = 0.76
0.51	1.0682093447	1.0697832912
0.52	1.0697980922	1.0714112396
0.53	1.0714011314	1.0730539483

---

1) *Fettis, H. E.*, and *J. C. Caslin* (1966): Ten Place Tables of the Jacobian Elliptic Functions, Part II. (Theta Functions and Conversion Factors.) ARL 66–0069. Aerospace Research Laboratories, Ohio.

Man erstelle eine analoge Tabelle [u = .750 (.005) .760, m = .510 (.005) .530, 10 D]. –
Mit der Druckroutine D2 (aus Band 3/I) in Block 2 und mit der Zusatzroutine

```
236   76 LBL
237   15   E
238   17 B'
239   14   D
```

läßt sich nach Eingabe des Arguments u (Taste A'), Eingabe des Parameters m und Aufruf der Zusatzroutine (Taste E) folgende Tabelle für $\vartheta_n(u|m)$ erzeugen:

m	u = 0.750	u = 0.755	u = 0.760
0.510	1.0682093447	1.0689952998	1.0697832912
0.515	1.0690019590	1.0697976644	1.0705954483
0.520	1.0697980922	1.0706036051	1.0714112396
0.525	1.0705977980	1.0714131767	1.0722307207
0.530	1.0714011314	1.0722264351	1.0730539483

Bemerkung: Da hier nur ϑ_n verlangt wird, kann man Programm 1.3 beschleunigen, indem man die Schritte 135–156 (Teilroutinen für ϑ_s, ϑ_c, ϑ_d) durch Nop überschreibt.

• *Beispiel 1.3-13: Reduzierte theta-Funktionen.* Für Tabellen der Neville-theta-Funktionen $\vartheta_p(u|m)$ (p = s, c, d, n) ist der darzustellende Mindest-Argumentbereich $0 \leq u \leq K(m)$ ziemlich groß, da $K(m) > \pi/2$ für $m > 0$ und sogar $K(m) \to \infty$ für $m \to 1$. Daher werden in manchen Tabellenwerken[1] zur Reduktion des Platzbedarfs die theta-Funktionen in „reduzierter" Darstellung angegeben:

$$\vartheta_{p\,red}(\beta|m) = \vartheta_p\left(2\,K(m)\,\tfrac{\beta}{\pi}\Big|m\right) \qquad (p = s, c, d, n)$$

mit dem reduzierten Argumentbereich $0 \leq \beta \leq \pi/2$. Die (früher übliche) händische Berechnung der Neville-theta-Funktionen

$$\vartheta_p(u|m) = \vartheta_{p\,red}\left(\frac{\pi}{2}\,\frac{u}{K(m)}\Big|\,m\right) \qquad (p = s, c, d, n)$$

mit Tabellen muß dann in zwei Schritten erfolgen:

(1) reduziertes Argument: $\beta = \dfrac{\pi}{2}\,\dfrac{u}{K(m)}$ (unter Verwendung einer Tabelle für K);

(2) gesuchter Funktionswert: $\vartheta_p(u|m) = \vartheta_{p\,red}(\beta|m)$ (unter Verwendung einer Tabelle für $\vartheta_{p\,red}$).

Ferner wird der Parameter m oft durch den Modularwinkel γ ersetzt (gemäß $m = \sin^2\gamma$ für $0 \leq m \leq 1$):

$$\vartheta_{p\,red}\langle\beta, \gamma\rangle = \vartheta_{p\,red}(\beta|\sin^2\gamma) = \vartheta_p\left(2\,K(\sin^2\gamma)\,\tfrac{\beta}{\pi}\Big|\sin^2\gamma\right) \qquad (p = s, c, d, n)$$

---

[1] Z.B. *Adams, E. P.*, and *R. L. Hippisley* (1957): Smithsonian mathematical formulae and tables of elliptic functions. Smithsonian Institution, Washington, D.C. (Abgedruckt in *Abramowitz-Stegun*, Tab. 16.1.)

Benutzt man (Alt-)Grad als Winkeleinheit (statt Radiant), so kommt

$$\vartheta_{p\,red}\langle\beta^\circ,\gamma^\circ\rangle=\vartheta_p\left(2\,K(\sin^2\gamma^\circ)\,\frac{\beta^\circ}{180^\circ}\,\middle|\,\sin^2\gamma^\circ\right)=\vartheta_p\left(K(\sin^2\gamma^\circ)\,\frac{\beta^\circ}{90^\circ}\,\middle|\,\sin^2\gamma^\circ\right)$$

(p = s, c, d, n). Man erstelle Zusatzroutinen zur Berechnung der reduzierten theta-Funktionen $\vartheta_{p\,red}\langle\beta^\circ,\gamma^\circ\rangle$ für p = s, c, d und n. –

Das Argument $u = 2\,K\,\beta^\circ/180^\circ = K\,\beta^\circ/90^\circ$ könnte man aus dem gegebenen reduzierten Argument β° durch Division durch 90 und Multiplikation mit K gewinnen. Ein einfacherer und schnellerer Weg ist aber der folgende. Man versieht das theta-Programm 1.3 künstlich mit einem Handicap, so daß nur mehr reduzierte Funktionswerte erzeugbar sind, indem man die Division durch 2K unterdrückt: *die zwei Befehle in Schritt 117–118 werden durch* Nop Nop *überschrieben.* Dann ist β° in einer Zusatzroutine lediglich durch 180 zu dividieren.

Das reduzierte Argument β° soll über die Taste E' eingegeben werden, der Modularwinkel γ° über die Taste E. Zusatzroutinen:

```
240  76 LBL
241  10 E'
242  53  (
243  40 IND
244  55  ÷
245  01  1
246  08  8
247  00  0
248  54  )
249  61 GTO
250  16 A'

251  76 LBL
252  15  E
253  60 DEG
254  38 SIN
255  33 X²
256  61 GTO
257  17 B'
```

Test: nach Anbringen des Handicaps (Nop Nop in Schritt 117–118) und nach Eingabe von $\beta^\circ = 70^\circ$ (Tastenfolge 70 E') und $\gamma^\circ = 30^\circ$ (Tastenfolge 30 E) erhält man $\vartheta_{s\,red}\langle 70^\circ, 30^\circ\rangle = 1.009612870$ (Taste A) und $\vartheta_{n\,red}\langle 70^\circ, 30^\circ\rangle = 1.065846728$ (Taste D) [in Übereinstimmung mit den Werten aus Tabelle 16.1 von Abramowitz-Stegun, dort als $\vartheta_s\,(70^\circ\backslash 30^\circ)$ und $\vartheta_n\,(70^\circ\backslash 30^\circ)$ bezeichnet]. Ferner kommt $\vartheta_{c\,red}\langle 70^\circ, 30^\circ\rangle = 0.3416300625$ (Taste B) und $\vartheta_{d\,red}\langle 70^\circ, 30^\circ\rangle = 0.9387223821$ (Taste C).

Zusatz. Zusammenhang der reduzierten theta-Funktionen mit den Theta-Funktionen von Jacobi:

$$\vartheta_{s\,red}\,(\beta|m)=\sqrt{\frac{\pi}{2\,K(m)\sqrt{m\,(1-m)}}}\;\Theta_1\,(\tfrac{\beta}{\pi}|m)=\frac{\Theta_{03}\,(m)}{\Theta_{04}\,(m)}\,\frac{\Theta_1\,(\frac{\beta}{\pi}|m)}{\Theta_{02}\,(m)},$$

$$\vartheta_{c\,red}\,(\beta|m)=\sqrt{\frac{\pi}{2\,K(m)\sqrt{m}}}\;\Theta_2\,(\tfrac{\beta}{\pi}|m)=\frac{\Theta_2\,(\frac{\beta}{\pi}|m)}{\Theta_{02}\,(m)},$$

$$\vartheta_{d\,red}\,(\beta|m)=\sqrt{\frac{\pi}{2\,K(m)}}\;\Theta_3\,(\tfrac{\beta}{\pi}|m)=\frac{\Theta_3\,(\frac{\beta}{\pi}|m)}{\Theta_{03}\,(m)},$$

$$\vartheta_{n\,red}\,(\beta|m)=\sqrt{\frac{\pi}{2\,K(m)\sqrt{1-m}}}\;\Theta_4\,(\tfrac{\beta}{\pi}|m)=\frac{\Theta_4\,(\frac{\beta}{\pi}|m)}{\Theta_{04}\,(m)}.$$

Bei Verwendung des Parameters w (statt m) lautet z.B. die letzte Gleichung

$$\vartheta_{n\,red}\,[\beta, w]=\Theta_4\,[\tfrac{\beta}{\pi}, w]\,/\,\Theta_{04}\,[w]\,.$$

- *Beispiel 1.3-14:* Man berechne sn, cn, dn (u | m) für u = 2, m = 3/4. –
Es kommt sn (2 | 3/4) = 0.9969206619, Tastenfolge 2 A' .75 B' A ÷ D =; cn (2 | 3/4) = = 0.0784167960, Tastenfolge B ÷ D =; dn (2 | 3/4) = 0.5045908198, Tastenfolge C ÷ D =

- *Beispiel 1.3-15: Amplitude.* Die Berechnung der Amplitude kann (analog zu Beispiel 1.2-6) auf mehrere Arten erfolgen:

$$\text{(I)}\quad \mathrm{am}\,(u\,|\,m) = \arccos \mathrm{cn}\,(u\,|\,m) = \arccos \frac{\vartheta_c\,(u\,|\,m)}{\vartheta_n\,(u\,|\,m)} \quad \text{für } 0 \leqslant u \leqslant 2\,K(m)$$

$$\text{(II)}\quad \mathrm{am}\,(u\,|\,m) = \arcsin \mathrm{sn}\,(u\,|\,m) = \arcsin \frac{\vartheta_s\,(u\,|\,m)}{\vartheta_n\,(u\,|\,m)} \quad \text{für } -K(m) \leqslant u \leqslant K(m)$$

$$\text{(III)}\quad \mathrm{am}\,(u\,|\,m) = \arctan \mathrm{sc}\,(u\,|\,m) = \arctan \frac{\vartheta_s\,(u\,|\,m)}{\vartheta_c\,(u\,|\,m)} \quad \text{für } -K(m) \leqslant u \leqslant K(m)$$

$$\text{(IV)}\quad \mathrm{am}\,(u\,|\,m) = (\arccos \mathrm{cn}\,(u\,|\,m))\,S = \left(\arccos \frac{\vartheta_c\,(u\,|\,m)}{\vartheta_n\,(u\,|\,m)}\right) S \quad \text{für } -2\,K(m) < u < 2\,K(m)$$

mit dem Vorzeichenfaktor $S = \mathrm{sgn}\, u = \mathrm{sgn}\,\mathrm{sn}\,(u\,|\,m) = \mathrm{sgn}\,\vartheta_s\,(u\,|\,m)$.

Man berechne am (u | m) für u = 2, m = 3/4. –
In Fortsetzung von Beispiel 1.3-14 erhält man K (3/4) = 2.156515648, Tastenfolge C', d.h. hier ist $0 < u < K(m)$, so daß *alle* obigen Formeln anwendbar sind:

(I) am (2 | 3/4) = arc cos cn (2 | 3/4) = 1.492298941 (im Bogenmaß), Tastenfolge B ÷ D = INV Tastenfolge B ÷ D = INV cos
(II) am (2 | 3/4) = arc sin sn (2 | 3/4) = 1.492298941, Tastenfolge A ÷ D = INV sin
(III) am (2 | 3/4) = arc tan sc (2 | 3/4) = 1.492298941, Tastenfolge A ÷ B = INV tan
(IV) Wie (I), da hier $\vartheta_s > 0$

Bemerkungen:

(1) Für nichtnegative Werte des Arguments u ist Version (I) zweckmäßig. (Sie ist in Programm 2.1 und 2.2 implementiert.)
(2) Erweiterung des Argumentbereichs: vgl. Beispiel 2.2-17.

- *Beispiel 1.3-16:* Auch bei den elliptischen Funktionen lassen sich negative Werte des Parameters m durch eine Funktionalgleichung *(Reflexionsformel)* berücksichtigen [folgt aus Beispiel 1.3-1]:

$$\mathrm{sn}\,(u\,|\,m) = \frac{1}{\sqrt{1-m}}\,\mathrm{sd}\left(u\sqrt{1-m}\,\middle|\,\frac{m}{m-1}\right) \qquad (\text{mit } \mathrm{sd} = \vartheta_s/\vartheta_d)$$

$$\mathrm{cn}\,(u\,|\,m) = \mathrm{cd}\left(u\sqrt{1-m}\,\middle|\,\frac{m}{m-1}\right) \qquad (\text{mit } \mathrm{cd} = \vartheta_c/\vartheta_d)$$

$$\mathrm{dn}\,(u\,|\,m) = \mathrm{nd}\left(u\sqrt{1-m}\,\middle|\,\frac{m}{m-1}\right) \qquad (\text{mit } \mathrm{nd} = \vartheta_n/\vartheta_d)$$

Man berechne sn, cn, dn (u | m) für u = 1, m = −8. –
Es kommt $\mathrm{sn}\,(1\,|\,-8) = \frac{1}{3}\,\mathrm{sd}\,(3\,|\,\frac{8}{9}) = 0.8975334217$, Tastenfolge 3 A' 8 ÷ 9 = B' A ÷ C ÷ 3 =;
$\mathrm{cn}\,(1\,|\,-8) = \mathrm{cd}\,(3\,|\,\frac{8}{9}) = -0.4409464331$, Tastenfolge B ÷ C =; $\mathrm{dn}\,(1\,|\,-8) = \mathrm{nd}\,(3\,|\,\frac{8}{9}) =$
= 2.728466592, Tastenfolge D ÷ C =

- *Beispiel 1.3-17:* Auch bei den elliptischen Funktionen lassen sich Werte des Parameters m, die über 1 liegen, durch eine Funktionalgleichung *(Inversionsformel)* berücksichtigen [folgt aus Beispiel 1.3-2]:

$$\mathrm{sn}\,(u\,|\,m) = \frac{1}{\sqrt{m}}\,\mathrm{sn}\left(u\sqrt{m}\,\middle|\,\frac{1}{m}\right)$$

$$\mathrm{cn}\,(u\,|\,m) = \mathrm{dn}\left(u\sqrt{m}\,\middle|\,\frac{1}{m}\right)$$

$$\mathrm{dn}\,(u\,|\,m) = \mathrm{cn}\left(u\sqrt{m}\,\middle|\,\frac{1}{m}\right)$$

Man berechne sn, cn, dn $(u\,|\,m)$ für $u = 2$, $m = 9$. –

Es kommt $\mathrm{sn}\,(2\,|\,9) = \frac{1}{3}\,\mathrm{sn}\,(6\,|\,\frac{1}{9}) = -0.1502824657$, Tastenfolge 6 A' 9 1/x B' A ÷ D ÷ 3 =; $\mathrm{cn}\,(2\,|\,9) = \mathrm{dn}\,(6\,|\,\frac{1}{9}) = 0.9886431007$, Tastenfolge C ÷ D =; $\mathrm{dn}\,(2\,|\,9) = \mathrm{cn}\,(6\,|\,\frac{1}{9}) = 0.8926010444$, Tastenfolge B ÷ D =

2 Elliptische Funktionen von Jacobi

(I) Programme in Kapitel 2 (Übersicht)

Programm	Funktion	Argument	Genauigkeit	Datenregister
2.1	sn, cn, dn [u, w] am [u, w] K[w], m[w], q[w] sn, cn, dn {u, q} am {u, q} K{q}, m{q}, w{q}	u beliebig, $w \geqslant 0$ $0 \leqslant u \leqslant 2K[w]$, $w \geqslant 0$ $w \geqslant 0$ u beliebig, $0 \leqslant q \leqslant 1$ $0 \leqslant u \leqslant 2K\{q\}$, $0 \leqslant q \leqslant 1$ $0 \leqslant q \leqslant 1$	mäßig mäßig	effektiv $R_{23}-R_{48}$
2.2	sn, cn, dn (u | m) am (u | m) K (m) w (m), q (m)	u beliebig, $-\infty < m \leqslant 1$ $0 \leqslant u \leqslant 2K(m)$, $-\infty < m \leqslant 1$ $-\infty < m \leqslant 1$ $0 \leqslant m \leqslant 1$	hoch	effektiv $R_{17}-R_{59}$

(II) Funktionen in Kapitel 2 (Übersicht)

Nomenklatur:

Ähnlich wie in Band 16 (Kap. 1), doch erscheint zusätzlich das Argument u:

$$\mathrm{am}\langle u,\gamma\rangle,\quad \mathrm{am}\lfloor u,k\rfloor,\quad \mathrm{am}(u\,|\,m),\quad \mathrm{am}[u,w],\quad \mathrm{am}\{u,q\}$$

(am = Amplitude) und analog für sn = sin am (Sinus der Amplitude), cn = cos am (Cosinus der Amplitude), dn = Δ am (Delta der Amplitude). Die eindeutige Bezeichnungsweise durch Klammern ist analog zu Kap. 1:

$$\mathrm{am}\langle u,\gamma\rangle = \mathrm{am}\lfloor u,\sin\gamma\rfloor = \mathrm{am}(u\,|\,\sin^2\gamma) = \mathrm{am}[u, w\langle\gamma\rangle] = \mathrm{am}\{u, q\langle\gamma\rangle\},$$

beispielsweise

$$\mathrm{am}\langle u,\tfrac{\pi}{4}\rangle = \mathrm{am}\lfloor u,\tfrac{1}{\sqrt{2}}\rfloor = \mathrm{am}(u\,|\,\tfrac{1}{2}) = \mathrm{am}[u,1] = \mathrm{am}\{u,e^{-\pi}\}.$$

Die Schreibweise am (u | m) geht auf *Milne* zurück; sie dient zur Unterscheidung von den (früher üblichen) Bezeichnungen am (u, k) oder am (k, u), die in diesem Buch durch am ⌊u, k⌋ ersetzt sind. Wie in Kap. 1 sind die folgenden Ausdrücke gleichwertig:

$$\mathrm{am}\langle u,\tfrac{\pi}{4}\rangle = \mathrm{am}\langle u, 45^\circ\rangle = \mathrm{am}\langle u, 50^g\rangle.$$

Elliptische Funktionen von Jacobi mit Parameter m
sn, cn, dn (u | m); Amplitude am (u | m)

Darstellung als Umkehrung zu unvollständigen elliptischen Integralen erster Gattung:

(1) $\varphi = \mathrm{am}\,(u\,|\,m)$ ist Umkehrung zu

$$u = \mathrm{am}^{-1}\,(\varphi\,|\,m) = F\,(\varphi\,|\,m) = \int_0^{\varphi} \frac{dt}{\sqrt{1 - m \sin^2 t}} \tag{2.1}$$

$x = \mathrm{sn}\,(u\,|\,m) = \sin \mathrm{am}\,(u\,|\,m)$ ist Umkehrung zu

$$u = \mathrm{sn}^{-1}\,(x\,|\,m) = F\,(\arcsin x\,|\,m) = \int_0^{x} \frac{dt}{\sqrt{(1 - m t^2)\,(1 - t^2)}} \tag{2.2}$$

$x = \mathrm{cn}\,(u\,|\,m) = \cos \mathrm{am}\,(u\,|\,m)$ ist Umkehrung zu

$$u = \mathrm{cn}^{-1}\,(x\,|\,m) = F\,(\arccos x\,|\,m) = \int_x^{1} \frac{dt}{\sqrt{(1 - m + m t^2)\,(1 - t^2)}} \tag{2.3}$$

$x = \mathrm{dn}\,(u\,|\,m) = \Delta\, \mathrm{am}\,(u\,|\,m) = \sqrt{1 - m \sin^2 \mathrm{am}\,(u\,|\,m)}$ ist Umkehrung zu

$$u = \mathrm{dn}^{-1}\,(x\,|\,m) = F\,(\arcsin \sqrt{(1 - x^2)/m}\,|\,m) = \int_x^{1} \frac{dt}{\sqrt{(m - 1 + t^2)\,(1 - t^2)}} \tag{2.4}$$

$x = \mathrm{sc}\,(u\,|\,m) = \mathrm{tn}\,(u\,|\,m) = \tan \mathrm{am}\,(u\,|\,m)$ ist Umkehrung zu

$$u = \mathrm{sc}^{-1}\,(x\,|\,m) = \mathrm{tn}^{-1}\,(x\,|\,m) = F\,(\arctan x\,|\,m) = \int_0^{x} \frac{dt}{\sqrt{[1 + (1 - m)\,t^2]\,(1 + t^2)}} \tag{2.5}$$

$x = \mathrm{cs}\,(u\,|\,m) = 1/\mathrm{tn}\,(u\,|\,m) = \cot \mathrm{am}\,(u\,|\,m)$ ist Umkehrung zu

$$u = \mathrm{cs}^{-1}\,(x\,|\,m) = F\,(\mathrm{arccot}\, x\,|\,m) = \int_x^{\infty} \frac{dt}{\sqrt{(1 - m + t^2)\,(1 + t^2)}} \tag{2.6}$$

(2) $u = F\,(\varphi\,|\,m)$ ist Umkehrung zu

$$\begin{aligned}\varphi = F^{-1}\,(u\,|\,m) &= \mathrm{am}\,(u\,|\,m) = \arcsin \mathrm{sn}\,(u\,|\,m) = \arccos \mathrm{cn}\,(u\,|\,m) = \\ &= \arcsin \sqrt{[1 - \mathrm{dn}^2\,(u\,|\,m)]/m} = \arctan \mathrm{sc}\,(u\,|\,m) = \mathrm{arccot}\, \mathrm{cs}\,(u\,|\,m)\end{aligned} \tag{2.7}$$

Reihendarstellung:

$$\mathrm{sn}\,(u\,|\,m) = u - (1 + m)\frac{u^3}{3!} + (1 + 14m + m^2)\frac{u^5}{5!} - (1 + 135m + 135m^2 + m^3)\frac{u^7}{7!} + \ldots, \quad |u| < K\,(1 - m) \tag{2.8}$$

$$\mathrm{cn}\,(u\,|\,m) = 1 - \frac{u^2}{2!} + (1 + 4m)\frac{u^4}{4!} - (1 + 44m + 16m^2)\frac{u^6}{6!} + \ldots \tag{2.9}$$

$$\mathrm{dn}\,(u\,|\,m) = 1 - m\,\frac{u^2}{2!} + m\,(4+m)\,\frac{u^4}{4!} - m\,(16 + 44\,m + m^2)\,\frac{u^6}{6!} + \ldots \tag{2.10}$$

$$\mathrm{am}\,(u\,|\,m) = u - m\,\frac{u^3}{3!} + m\,(4+m)\,\frac{u^5}{5!} - m\,(16 + 44\,m + m^2)\,\frac{u^7}{7!} + \ldots \tag{2.11}$$

Darstellung durch Theta-Funktionen von Jacobi:

$$\mathrm{sn}\,(u\,|\,m) = \frac{1}{m^{1/4}}\,\frac{\Theta_1\,(v\,|\,m)}{\Theta_4\,(v\,|\,m)} \qquad \text{mit } v = \frac{u}{2\,K(m)} \tag{2.12}$$

$$\mathrm{cn}\,(u\,|\,m) = \left(\frac{1-m}{m}\right)^{1/4} \frac{\Theta_2\,(v\,|\,m)}{\Theta_4\,(v\,|\,m)}, \qquad \mathrm{dn}\,(u\,|\,m) = (1-m)^{1/4}\,\frac{\Theta_3\,(v\,|\,m)}{\Theta_4\,(v\,|\,m)} \tag{2.13}$$

$$\mathrm{sc}\,(u\,|\,m) = \frac{1}{(1-m)^{1/4}}\,\frac{\Theta_1\,(v\,|\,m)}{\Theta_2\,(v\,|\,m)} \tag{2.14}$$

$$\mathrm{am}\,(u\,|\,m) = \arcsin \mathrm{sn}\,(u\,|\,m) = \arccos \mathrm{cn}\,(u\,|\,m) = \arctan \mathrm{sc}\,(u\,|\,m) \tag{2.15}$$

(12 elliptische Funktionen von Jacobi:) Aus dem Trio sn, cn, dn lassen sich 9 weitere elliptische Funktionen bilden (alle Funktionen mit Argument u, Parameter m):

3 Kehrwerte: $\mathrm{ns} = 1/\mathrm{sn}$, $\mathrm{nc} = 1/\mathrm{cn}$, $\mathrm{nd} = 1/\mathrm{dn}$ (2.16)

3 Quotienten: $\mathrm{sc} = \mathrm{sn}/\mathrm{cn}$, $\mathrm{sd} = \mathrm{sn}/\mathrm{dn}$, $\mathrm{cd} = \mathrm{cn}/\mathrm{dn}$ (2.17)

3 Kehrwerte der Quotienten: $\mathrm{cs} = 1/\mathrm{sc}$, $\mathrm{ds} = 1/\mathrm{sd}$, $\mathrm{dc} = 1/\mathrm{cd}$ (2.18)

Darstellung durch theta-Funktionen von Neville:

$$\text{(allgemein:)} \quad \mathrm{pr}\,(u\,|\,m) = \vartheta_p\,(u\,|\,m)/\vartheta_r\,(u\,|\,m) \tag{2.19}$$

wobei p und r ($\neq$ p) einen der Buchstaben s, c, d, n bezeichnet; Beispiele:

$$\mathrm{sn}\,(u\,|\,m) = \vartheta_s\,(u\,|\,m)/\vartheta_n\,(u\,|\,m), \qquad \mathrm{cn}\,(u\,|\,m) = \vartheta_c\,(u\,|\,m)/\vartheta_n\,(u\,|\,m)$$

$$\mathrm{dn}\,(u\,|\,m) = \vartheta_d\,(u\,|\,m)/\vartheta_n\,(u\,|\,m), \qquad \mathrm{sc}\,(u\,|\,m) = \vartheta_s\,(u\,|\,m)/\vartheta_c\,(u\,|\,m)$$

Die Amplitude folgt aus

$$\mathrm{am}\,(u\,|\,m) = \arcsin \mathrm{sn}\,(u\,|\,m) = \arccos \mathrm{cn}\,(u\,|\,m) = \arctan \mathrm{sc}\,(u\,|\,m) \tag{2.20}$$

Ableitung:

$$\frac{\partial}{\partial u}\,\mathrm{sn}\,(u\,|\,m) = \mathrm{cn}\,(u\,|\,m)\,\mathrm{dn}\,(u\,|\,m) \tag{2.21}$$

$$\frac{\partial}{\partial u}\,\mathrm{cn}\,(u\,|\,m) = -\,\mathrm{sn}\,(u\,|\,m)\,\mathrm{dn}\,(u\,|\,m), \qquad \frac{\partial}{\partial u}\,\mathrm{dn}\,(u\,|\,m) = -\,m\,\mathrm{sn}\,(u\,|\,m)\,\mathrm{cn}\,(u\,|\,m) \tag{2.22}$$

$$\frac{\partial}{\partial u}\,\mathrm{sc}\,(u\,|\,m) = \mathrm{dn}\,(u\,|\,m)/\mathrm{cn}^2\,(u\,|\,m), \qquad \frac{\partial}{\partial u}\,\mathrm{am}\,(u\,|\,m) = \mathrm{dn}\,(u\,|\,m) \tag{2.23}$$

Differentialgleichung erster Ordnung (nichtlinear):

$$\left(\frac{df}{du}\right)^2 = (1-f^2)\,(1-m f^2), \quad m = \text{const.}; \quad \text{Lösung: } f(u) = \mathrm{sn}\,(u\,|\,m) \tag{2.24}$$

$$\left(\frac{df}{du}\right)^2 = (1-f^2)\,(1-m+m f^2), \quad m = \text{const.}; \quad \text{Lösung: } f(u) = \mathrm{cn}\,(u\,|\,m) \tag{2.25}$$

$$\left(\frac{df}{du}\right)^2 = (1-f^2)\,(m-1+f^2), \quad m = \text{const.}; \quad \text{Lösung: } f(u) = \mathrm{dn}\,(u\,|\,m) \tag{2.26}$$

Differentialgleichung zweiter Ordnung (nichtlinear):

$$\frac{d^2f}{du^2} + (1+m)\,f - 2m\,f^3 = 0,\ \ m = \text{const.};\ \text{partikuläre Lösung: } f(u) = \text{sn}\,(u\,|\,m) \tag{2.27}$$

$$\frac{d^2f}{du^2} + (1-2m)\,f + 2m\,f^3 = 0,\ \ m = \text{const.};\ \text{partikuläre Lösung: } f(u) = \text{cn}\,(u\,|\,m) \tag{2.28}$$

$$\frac{d^2f}{du^2} + 2\,(m-2)\,f + 2\,f^3 = 0,\ \ m = \text{const.};\ \text{partikuläre Lösung: } f(u) = \text{dn}\,(u\,|\,m) \tag{2.29}$$

System von drei gekoppelten Differentialgleichungen erster Ordnung (nichtlinear):

$$\frac{df}{du} = gh,\quad \frac{dg}{du} = -fh,\quad \frac{dh}{du} = -mfg,\quad m = \text{const.};$$

$$\text{Lösung: } f(u) = \text{sn}\,(u\,|\,m),\quad g(u) = \text{cn}\,(u\,|\,m),\quad h(u) = \text{dn}\,(u\,|\,m) \tag{2.30}$$

Eigenschaften dieser Lösung:

(a) $(1+m)\,f^2 + g^2 + h^2 = \text{const.} = 2$ (für beliebiges u) (2.31)

(b) $2m\,f^2 + m\,g^2 + h^2 = \text{const.} = 1 + m$ (für beliebiges u) (2.32)

Elliptische Funktionen von Jacobi mit Parameter w
sn, cn, dn [u, w]; **Amplitude** am [u, w]

Reihendarstellung:

$$\text{sn}\,[u, w] = \frac{2}{\Theta_{02}^2\,[w]} \sum_{n=0}^{\infty} \frac{\sin\,[2n+1)\,\pi v]}{\sinh\,[(n+\frac{1}{2})\,\pi w]} \quad \text{mit} \quad v = \frac{u}{2K[w]} = \frac{u}{\pi\,\Theta_{03}^2\,[w]} \tag{2.33}$$

$$\text{cn}\,[u, w] = \frac{2}{\Theta_{02}^2\,[w]} \sum_{n=0}^{\infty} \frac{\cos\,[(2n+1)\,\pi v]}{\cosh\,[(n+\frac{1}{2})\,\pi w]} \tag{2.34}$$

$$\text{dn}\,[u, w] = \frac{1}{\Theta_{03}^2\,[w]} \left[1 + 2 \sum_{n=1}^{\infty} \frac{\cos\,(2n\pi v)}{\cosh\,(n\pi w)}\right] \tag{2.35}$$

$$\text{sc}\,[u, w] = \frac{1}{\Theta_{04}^2\,[w]} \left[\tan\,(\pi v) + 2 \sum_{n=1}^{\infty} (-1)^n \frac{\sin\,(2n\pi v)}{1 + \exp\,(2n\pi w)}\right] \tag{2.36}$$

$$\text{am}\,[u, w] = \pi v + \sum_{n=1}^{\infty} \frac{1}{n}\,\frac{\sin\,(2n\pi v)}{\cosh\,(n\pi w)} \tag{2.37}$$

Darstellung durch Theta-Funktionen von Jacobi:

$$\text{sn}\,[u, w] = \frac{\Theta_{03}\,[w]}{\Theta_{02}\,[w]}\,\frac{\Theta_1\,[v, w]}{\Theta_4\,[v, w]} \quad \text{mit} \quad v = \frac{u}{2K[w]} = \frac{u}{\pi\,\Theta_{03}^2\,[w]} \tag{2.38}$$

$$\text{cn}\,[u, w] = \frac{\Theta_{04}\,[w]}{\Theta_{02}\,[w]}\,\frac{\Theta_2\,[v, w]}{\Theta_4\,[v, w]},\quad \text{dn}\,[u, w] = \frac{\Theta_{04}\,[w]}{\Theta_{03}\,[w]}\,\frac{\Theta_3\,[v, w]}{\Theta_4\,[v, w]} \tag{2.39}$$

$$\mathrm{sc}\,[u, w] = \frac{\Theta_{03}\,[w]}{\Theta_{04}\,[w]}\;\frac{\Theta_1\,[v, w]}{\Theta_2\,[v, w]} \tag{2.40}$$

$$\mathrm{am}\,[u, w] = \arcsin \mathrm{sn}\,[u, w] = \arccos \mathrm{cn}\,[u, w] = \arctan \mathrm{sc}\,[u, w] \tag{2.41}$$

Darstellung durch theta-Funktionen von Neville:

$$\text{(allgemein:)}\quad \mathrm{pr}\,[u, w] = \vartheta_p\,[u, w]/\vartheta_p\,[u, w] \tag{2.42}$$

wobei p und r ($\neq$ p) einen der Buchstaben s, c, d, n bezeichnet; Beispiele:

$$\mathrm{sn}\,[u, w] = \vartheta_s\,[u, w]/\vartheta_n\,[u, w], \qquad \mathrm{cn}\,[u, w] = \vartheta_c\,[u, w]/\vartheta_n\,[u, w]$$
$$\mathrm{dn}\,[u, w] = \vartheta_d\,[u, w]/\vartheta_n\,[u, w], \qquad \mathrm{sc}\,[u, w] = \vartheta_s\,[u, w]/\vartheta_c\,[u, w]$$

Die Amplitude folgt aus

$$\mathrm{am}\,[u, w] = \arcsin \mathrm{sn}\,[u, w] = \arccos \mathrm{cn}\,[u, w] = \arctan \mathrm{sc}\,[u, w] \tag{2.43}$$

Elliptische Funktionen von Jacobi mit Parameter q
sn, cn, dn{u, q}; Amplitude am{u, q}

Reihendarstellung:

$$\mathrm{sn}\,\{u, q\} = \frac{2\pi}{K\{q\}\sqrt{m\{q\}}} \sum_{n=0}^{\infty} \frac{q^{n+\frac{1}{2}}}{1 - q^{2n+1}} \sin\,[(2n+1)\,\pi v] \quad \text{mit} \quad v = \frac{u}{2\,K\{q\}} \tag{2.44}$$

$$\mathrm{cn}\,\{u, q\} = \frac{2\pi}{K\{q\}\sqrt{m\{q\}}} \sum_{n=0}^{\infty} \frac{q^{n+\frac{1}{2}}}{1 + q^{2n+1}} \cos\,[(2n+1)\,\pi v] \tag{2.45}$$

$$\mathrm{dn}\,\{u, q\} = \frac{\pi}{2\,K\{q\}} \left[1 + 4 \sum_{n=1}^{\infty} \frac{q^n}{1 + q^{2n}} \cos\,(2n\,\pi v)\right] \tag{2.46}$$

$$\mathrm{sc}\,\{u, q\} = \frac{\pi}{2\,K\{q\}\sqrt{1 - m\{q\}}} \left[\tan\,(\pi v) + 4 \sum_{n=1}^{\infty} (-1)^n \frac{q^{2n}}{1 + q^{2n}} \sin\,(2n\,\pi v)\right] \tag{2.47}$$

$$\mathrm{am}\,\{u, q\} = \pi v + 2 \sum_{n=1}^{\infty} \frac{1}{n} \frac{q^n}{1 + q^{2n}} \sin\,(2n\,\pi v) \tag{2.48}$$

Darstellung durch theta-Funktionen von Neville:

$$\text{(allgemein:)}\quad \mathrm{pr}\,\{u, q\} = \vartheta_p\,\{u, q\}/\vartheta_r\,\{u, q\} \tag{2.49}$$

wobei p und r ($\neq$ p) einen der Buchstaben s, c, d, n bezeichnet; Beispiele:

$$\mathrm{sn}\,\{u, q\} = \vartheta_s\,\{u, q\}/\vartheta_n\,\{u, q\}, \qquad \mathrm{cn}\,\{u, q\} = \vartheta_c\,\{u, q\}/\vartheta_n\,\{u, q\}$$
$$\mathrm{dn}\,\{u, q\} = \vartheta_d\,\{u, q\}/\vartheta_n\,\{u, q\}, \qquad \mathrm{sc}\,\{u, q\} = \vartheta_s\,\{u, q\}/\vartheta_c\,\{u, q\}$$

Die Amplitude folgt aus

$$\mathrm{am}\,\{u, q\} = \arcsin \mathrm{sn}\,\{u, q\} = \arccos \mathrm{cn}\,\{u, q\} = \arctan \mathrm{sc}\,\{u, q\} \tag{2.50}$$

(III) Literatur zu Kapitel 2 (Auswahl)

Abramowitz, M., and *I. A. Stegun* (1968): Handbook of Mathematical Functions. (Ch. 16: Jacobian Elliptic Functions and Theta Functions.) NBS, U.S. Govt. Printing Office, Washington, D.C.

Bowman, F. (1961): Introduction to elliptic functions with applications. Dover, New York.

Bulirsch, R. (1965): Numerical calculation of elliptic integrals and elliptic functions. Numerische Mathematik 7, 78–90.

Davis, H. T. (1962): Introduction to Nonlinear Differential and Integral Equations. (Ch. 6: Elliptic Integrals, Elliptic Functions, and Theta Functions.) Dover, New York.

Erdélyi, A., W. Magnus, F. Oberhettinger, and *F. G. Tricomi* (1953): Higher Transcendental Functions, Vol. 2. (Ch. 13, part 2: Elliptic functions.) McGraw-Hill, New York.

Jacobi, C. G. J. (1829): Fundamenta Nova Theoriae Functionum Ellipticarum. Bornträger, Königsberg. (Abgedruckt in: Gesammelte Werke, Vol. I. Reimer, Berlin, 1881.)

Jacobi, C. G. J. (1838): Theorie der elliptischen Funktionen, aus den Eigenschaften der Thetareihen abgeleitet. Gesammelte Werke, Vol. I. Reimer, Berlin, 1881. (Nachdruck: Ostwald's Klassiker der exakten Wissenschaften, Nr. 224. Akademische Verlagsgesellschaft, Leipzig, 1927.)

Jahnke, E., F. Emde und *F. Lösch* (1960): Tafeln höherer Funktionen. (Kap. VI, A: Jacobische elliptische Funktionen.) Teubner, Stuttgart.

Jeffreys, H., and *B. Jeffreys* (1972): Methods of Mathematical Physics. (Ch. 25: Elliptic Functions.) University Press, Cambridge.

Magnus, W., F. Oberhettinger, and *R. P. Soni* (1966): Formulas and Theorems for the Special Functions of Mathematical Physics. (§ 10.3: Definition of the Jacobian elliptic functions by the theta functions.) Springer, Berlin.

Neville, E. H. (1951): Jacobian Elliptic Functions. (Ch. XI: Properties of the Jacobian functions.) Springer, Berlin.

Oberhettinger, F., und *W. Magnus* (1949): Anwendung der elliptischen Funktionen in Physik und Technik. (§ I 1.4: Die elliptischen Funktionen von Jacobi.) Springer, Berlin.

Rainville, E. D. (1960): Special Functions. (Ch. 21: Jacobian Elliptic Functions.) Macmillan, New York.

Ryshik, I. M., und *I. S. Gradstein* (1963): Summen-, Produkt- und Integral-Tafeln. (§ 6.14: Die Jacobischen elliptischen Funktionen.) Deutscher Verlag der Wissenschaften, Berlin. (Übersetzung aus dem Russischen.)

Tölke, F. (1967): Praktische Funktionenlehre, Band III. (Kap. 5: Jacobische elliptische Funktionen.) Springer, Berlin.

Tricomi, F. (1951): Funzioni ellittiche. (Cap. III: Funzioni di Jacobi.) Zanichelli, Bologna. – Deutsche Übersetzung: Elliptische Funktionen. Akademische Verlagsgesellschaft, Leipzig, 1948.

Whittaker, E. T., and *G. N. Watson* (1952): A Course of Modern Analysis. (Ch. XXII: The Jacobian Elliptic Functions.) University Press, Cambridge.

Programm 2.1: Elliptische Funktionen von Jacobi [über dritte Theta-Funktion]

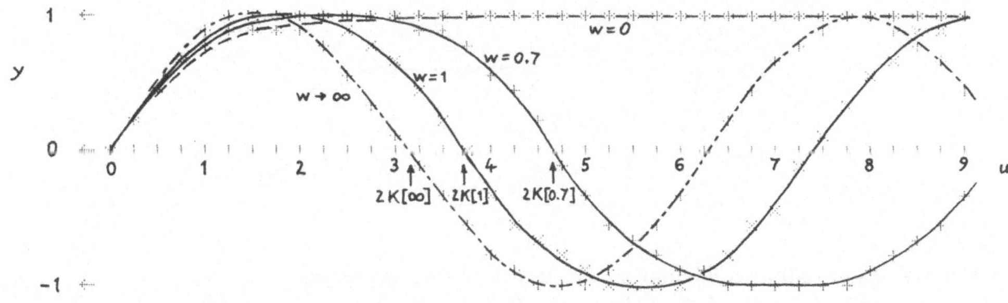

Bild 2.1-1 Erste elliptische Funktion von Jacobi (mit Parameter w)
$y = \text{sn}[u, w] = -\text{sn}[-u, w]$, $0 \leqslant u \leqslant 9$; $w = 0,\ 0.7,\ 1,\ \infty$
($K[0] = \infty$, $K[0.7] \approx 2.346$, $K[1] \approx 1.854$, $K[\infty] = \pi/2 \approx 1.571$;
$\text{sn}[u, 0] = \tanh u$, $\text{sn}[u, \infty] = \sin u$)

(a) Algorithmus

(I) Elliptische Funktionen von Jacobi mit Parameter w:

Als Grundlage dient Gl. (2.39):

$$\text{dn}[u, w] = \frac{\Theta_{04}[w]}{\Theta_{03}[w]} \frac{\Theta_3[v, w]}{\Theta_4[v, w]} \quad \text{mit} \quad v = \frac{u}{\pi\, \Theta_{03}^2[w]}, \quad \Theta_4[v, w] = \Theta_3[\tfrac{1}{2} - v, w]$$

und $\Theta_{04}[w] = \Theta_3[\frac{1}{2}, w]$ [mit der dritten Theta-Funktion Θ_3 von Jacobi aus Programm 1.1]. Aus dn werden dann die Funktionen sn, cn gewonnen:[1)]

$$\text{sn}[u, w] = \sqrt{\frac{1 - \text{dn}^2[u, w]}{1 - \Theta_{04}^4[w]/\Theta_{03}^4[w]}}\ \text{sgn}[\sin(\pi v)] \quad \text{mit} \quad \pi v = \frac{\pi}{2} \frac{u}{K[w]} = \frac{u}{\Theta_{03}^2[w]}$$

$$\text{cn}[u, w] = \sqrt{1 - \text{sn}^2[u, w]}\ \text{sgn}[\cos(\pi v)]$$

Für den absoluten Fehler ϵ von $\text{sn}[u, w]$ gilt $|\epsilon[u, w]| \lesssim 5 \times 10^{-7}$ [vgl. Fehlerkurve $\epsilon_1[w] = \epsilon[1, w]$ in Anhang β (Bild β-3)].

Bemerkung: Für $w \to \infty$ wird sn (und daher auch cn) numerisch immer ungenauer, da dann sn gegen $\sqrt{(1-1)/(1-1)} = 0/0$ strebt.

---

1) Auf der gleichen Berechnungsmethode basieren die bekannten Tabellen von *Milne-Thomson, L. M.* (1931): Die elliptischen Funktionen von Jacobi. Springer, Berlin.

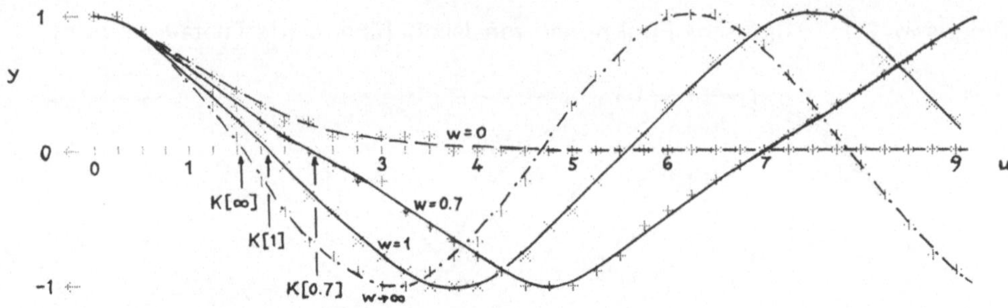

Bild 2.1-2 Zweite elliptische Funktion von Jacobi (mit Parameter w)
$y = \mathrm{cn}[u, w] = \mathrm{cn}[-u, w], \; 0 \leqslant u \leqslant 9; \; w = 0, \; 0.7, \; 1, \; \infty$
$(K[0] = \infty, \; K[0.7] \approx 2.346, \; K[1] \approx 1.854, \; K[\infty] = \pi/2 \approx 1.571;$
$\mathrm{cn}[u, 0] = 1/\cosh u, \; \mathrm{cn}[u, \infty] = \cos u)$

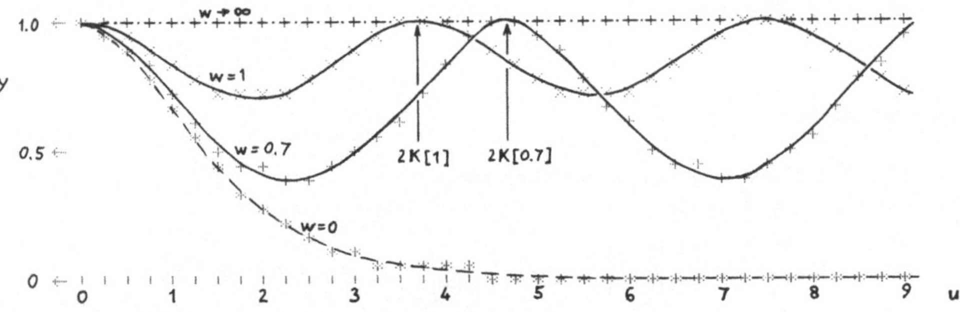

Bild 2.1-3 Dritte elliptische Funktion von Jacobi (mit Parameter w)
$y = \mathrm{dn}[u, w] = \mathrm{dn}[-u, w], \; 0 \leqslant u \leqslant 9; \; w = 0, \; 0.7, \; 1, \; \infty$
$(\mathrm{dn}[u, 0] = 1/\cosh u, \; \mathrm{dn}[u, \infty] = 1)$

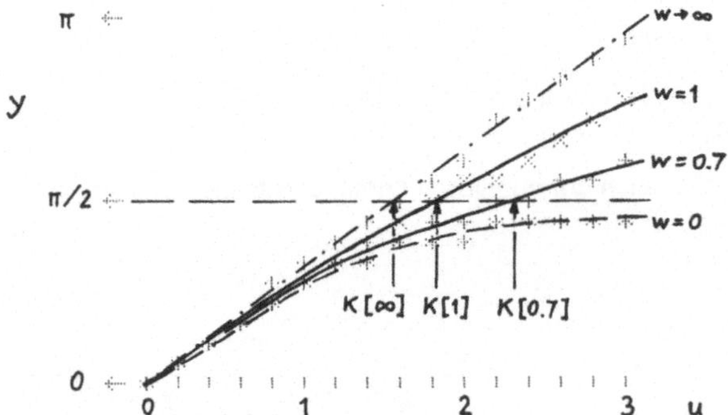

Bild 2.1-4 Amplitude (mit Parameter w)
$y = \mathrm{am}[u, w] = -\mathrm{am}[-u, w], \; 0 \leqslant u \leqslant 3; \; w = 0, \; 0.7, \; 1, \infty$
$(\mathrm{am}[u, 0] = \mathrm{gd}\, u, \; \mathrm{am}[u, \infty] = u)$
[mit der Gudermann-Funktion gd (vgl. Band 3/II)]

Sonderfälle: w = 0: sn [u, 0] = tanh u, cn [u, 0] = dn [u, 0] = 1/cosh u
w → ∞ (hier bereits w > 5): sn [u, w] → sin u, cn [u, w] → cos u, dn [u, w] → 1

(II) Amplitude: am [u, w] = arc cos cn [u, w] $(0 \leqslant u \leqslant 2\,K[w])$

(III) K [w], m [w], w{q}: wie in Programm 1.1

(IV) Elliptische Funktionen von Jacobi mit Parameter q:
sn{u, q} = sn [u, w{q}] (und analog für cn, dn, am)

(V) K{q}, m{q}: K{q} = K [w{q}], m{q} = m [w{q}]

(b) Bedienungshinweise

Programmadreß-Tasten:

u	w → START	K [w]	m [w]	q → w {q}
sn [u, w]	cn [u, w]	dn [u, w]	am [u, w]	

Speicherbereichsverteilung: Grundstellung
Programm laden: 2 Magnetkartenseiten einlesen (Block 1 und 3)
Winkelmodus: beliebig (zurück bleibt Rad)
Anzeigeformat: beliebig (zurück bleibt INV Fix)

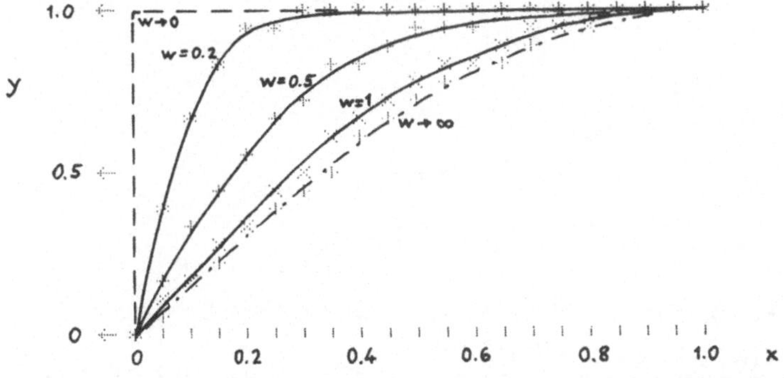

Bild 2.1-5 Erste elliptische Funktion von Jacobi (mit Parameter w), reduzierte Darstellung

$$y = \mathrm{sn}\,[x\,K[w], w] = \frac{\vartheta_s\,[x\,K[w], w]}{\vartheta_n\,[x\,K[w], w]} = \frac{\Theta_{03}\,[w]}{\Theta_{02}\,[w]}\;\frac{\Theta_1\,[\frac{x}{2}, w]}{\Theta_4\,[\frac{x}{2}, w]}, \quad 0 \leqslant x \leqslant 1;\ w = 0, 0.2, 0.5, 1, \infty$$

$(K[0] = \infty,\ K[0.2] \approx 7.854,\ K[0.5] \approx 3.165,\ K[1] \approx 1.854,\ K[\infty] = \pi/2 \approx 1.571)$
$[w \to \infty:\ y \to \sin(\frac{\pi}{2} x)]$

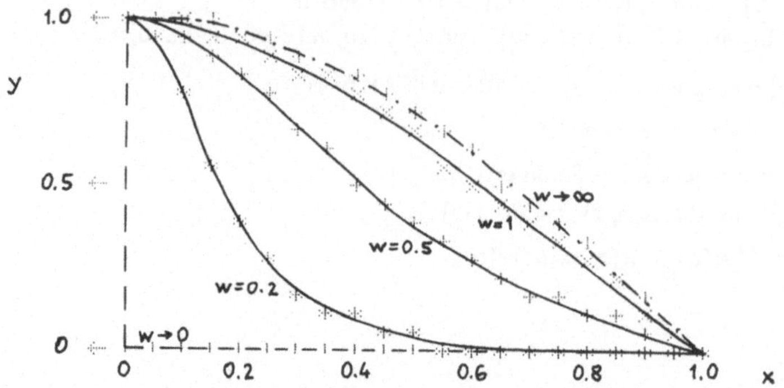

Bild 2.1-6 Zweite elliptische Funktion von Jacobi (mit Parameter w), reduzierte Darstellung

$$y = \mathrm{cn}\,[x\,K\,[w], w] = \frac{\vartheta_c\,[x\,K\,[w], w]}{\vartheta_n\,[x\,K\,[w], w]} = \frac{\Theta_{04}\,[w]}{\Theta_{02}\,[w]}\,\frac{\Theta_2\,[\frac{x}{2}, w]}{\Theta_4\,[\frac{x}{2}, w]}, \qquad 0 \leqslant x \leqslant 1;\ w = 0, 0.2, 0.5, 1, \infty$$

$[w \to \infty:\ y \to \cos(\frac{\pi}{2}x)]$

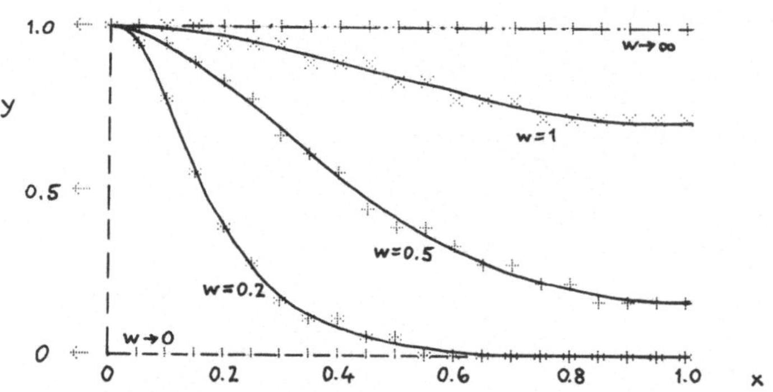

Bild 2.1-7 Dritte elliptische Funktion von Jacobi (mit Parameter w), reduzierte Darstellung

$$y = \mathrm{dn}\,[x\,K\,[w], w] = \frac{\vartheta_d\,[x\,K\,[w], w]}{\vartheta_n\,[x\,K\,[w], w]} = \frac{\Theta_{04}\,[w]}{\Theta_{03}\,[w]}\,\frac{\Theta_3\,[\frac{x}{2}, w]}{\Theta_4\,[\frac{x}{2}, w]}, \qquad 0 \leqslant x \leqslant 1;\ w = 0, 0.2, 0.5, 1, \infty$$

$[w \to \infty:\ y \to 1]$

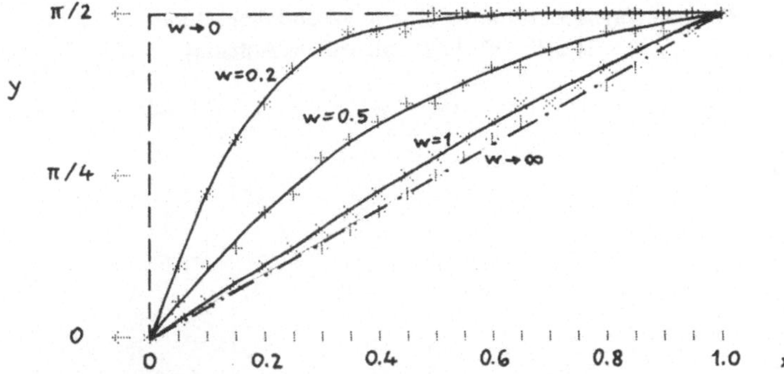

Bild 2.1-8 Amplitude (mit Parameter w), reduzierte Darstellung
$y = \mathrm{am}[x\,K[w], w]$, $0 \leqslant x \leqslant 1$; $w = 0, 0.2, 0.5, 1, \infty$
$[w \to \infty\colon\; y \to \frac{\pi}{2} x]$

Argumentbereich:
(I) sn, cn, dn [u, w]: etwa $-10^{12} < u < 10^{12}$, $0.03 < w < 6$ und $w = 0$;
(II) am [u, w]: $0 \leqslant u \leqslant 2\,K[w]$, etwa $0.03 < w < 6$ und $w = 0$;
(III) K [w], m [w]: etwa $0.03 < w < 6$ und $w = 0$;
(IV) w {q}: $0 \leqslant q \leqslant 1$
Genauigkeit (Richtwert): 6 D/S

Bemerkung: Nach Eingabe von Argument u (Taste A') und Parameter w (Taste B') startet die Berechnung. Am Ende der Rechnung erscheint wieder der Parameter w in der Anzeige. Nun stehen die Werte sn, cn, dn, am, K, m *gleichzeitig* zur Verfügung: sie sind in beliebiger Reihenfolge (und beliebig oft) durch die entsprechenden Tasten sofort abrufbar.

Programmkenndaten

Speicherbedarf: effektiv 218 Programmschritte, 26 Datenregister ($R_{23}-R_{48}$)
Labels: A–D, A'–E'; abs. Adressen: ja; T-Reg.: verwendet; Flags: keine
CE: verwendet
SBR-Ebenen / Klammer-Ebenen / unvollständige Op.-Ebenen:
sn, cn, dn, am [u, w], K [w], m [w]: 1/2/6; w {q}: 0/1/1

(c) Checkwerte

(I) sn [π, π] = 0.000650 (Laufzeit 28 Sek.), Tastenfolge π A' B',
cn [π, π] = – 1.000000 dann A, B, C, D, C', D' (in beliebiger Reihenfolge
dn [π, π] = 1.000000 und beliebig oft)
am [π, π] = 3.140942
K [π] = 1.571121
m [π] = 0.000827

(Fortsetzung:)
sc [π, π] = sn [π, π]/cn [π, π] = – 0.000650, Tastenfolge A ÷ B =

Tabelle 2.1-1 Elliptische Funktionen von Jacobi (mit Parameter w) und Amplitude
sn, cn, dn [u, w], am [u, w], u = 1, w = 0(.5)5, 6D [vgl. Tab. α-2 im Anhang]

w	sn [1, w]	cn [1, w]	dn [1, w]	am [1, w]
0.0	0.761594	0.648054	0.648054	0.865769
0.5	0.764104	0.645093	0.658280	0.869651
1.0	0.803002	0.595977	0.823161	0.932315
1.5	0.831486	0.555545	0.952591	0.981778
2.0	0.839297	0.543674	0.989578	0.995988
2.5	0.841015	0.541012	0.997808	0.999156
3.0	0.841376	0.540450	0.999543	0.999824
3.5	0.841451	0.540333	0.999905	0.999963
4.0	0.841467	0.540309	0.999980	0.999992
4.5	0.841470	0.540304	0.999996	0.999998
5.0	0.841470	0.540303	0.999999	0.999999

Tabelle 2.1-2 Weitere elliptische Funktionen von Jacobi (mit Parameter w)
sc, sd, cd [u, w], u = 1, w = 0(.5)5, 6D

w	sc [1, w]	sd [1, w]	cd [1, w]
0.0	1.175201	1.175201	1.000000
0.5	1.184487	1.160759	0.979968
1.0	1.347371	0.975510	0.724010
1.5	1.496702	0.872868	0.583194
2.0	1.543750	0.848136	0.549400
2.5	1.554520	0.842862	0.542201
3.0	1.556805	0.841760	0.540697
3.5	1.557282	0.841531	0.540384
4.0	1.557382	0.841483	0.540319
4.5	1.557402	0.841474	0.540306
5.0	1.557403	0.841471	0.540304

Tabelle 2.1-3 Elliptische Funktionen von Jacobi (mit Parameter q) und Amplitude
sn, cn, dn {u, q}, am {u, q}, u = 1, q = 0(.1)1, 6D

q	sn {1, q}	cn {1, q}	dn {1, q}	am {1, q}
0.0	0.841471	0.540302	1.000000	1.000000
0.1	0.778276	0.627922	0.716919	0.891916
0.2	0.764505	0.644618	0.659917	0.870273
0.3	0.761969	0.647613	0.649580	0.866349
0.4	0.761623	0.648021	0.648171	0.865814
0.5	0.761595	0.648053	0.648058	0.865771
0.6	0.761594	0.648054	0.648054	0.865769
0.7	0.761594	0.648054	0.648054	0.865769
0.8	0.761594	0.648054	0.648054	0.865769
0.9	0.761594	0.648054	0.648054	0.865769
1.0	0.761594	0.648054	0.648054	0.865769

Tabelle 2.1-4 Weitere elliptische Funktionen von Jacobi (mit Parameter q)
sc, sd, cd {u, q}, u = 1, q = 0(.1) 1, 6D

q	sc {1, q}	sd {1, q}	cd {1, q}
0.0	1.557408	0.841471	0.540302
0.1	1.239447	1.085584	0.875862
0.2	1.185981	1.158486	0.976817
0.3	1.176582	1.173018	0.996971
0.4	1.175307	1.175034	0.999768
0.5	1.175204	1.175196	0.999993
0.6	1.175201	1.175201	1.000000
0.7	1.175201	1.175201	1.000000
0.8	1.175201	1.175201	1.000000
0.9	1.175201	1.175201	1.000000
1.0	1.175201	1.175201	1.000000

(II) $q[\pi] = \exp(-\pi^2) = 0.0000517232$, Tastenfolge π x^2 +/− INV lnx

(III) $sn\{\pi, 1/\pi\} = 0.996939$ (Laufzeit 32 Sek.), Tastenfolge π A' 1/x E' B',
$cn\{\pi, 1/\pi\} = 0.078185$ dann A, B, C, D, C', D' (in beliebiger Reihenfolge
$dn\{\pi, 1/\pi\} = 0.094728$ und beliebig oft)
$am\{\pi, 1/\pi\} = 1.492531$
$K\{1/\pi\} = 4.313995$
$m\{1/\pi\} = 0.997122$

(Fortsetzung:)
$sc\{\pi, 1/\pi\} = sn\{\pi, 1/\pi\}/cn\{\pi, 1/\pi\} = 12.750946$, Tastenfolge A ÷ B =

(IV) $w\{1/\pi\} = 0.3643788397$ (1 Sek.), Tastenfolge π 1/x E'

(d) Datenregister

Das Programm wird in Grundstellung der Speicherbereichsverteilung eingelesen und benutzt effektiv 26 Datenregister ($R_{23}-R_{48}$).

Andere Zählung: das eigentliche Programm benötigt 370 Schritte und nur 7 Datenregister (R_{23} Hilfswerte, R_{24} sn, R_{25} cn, R_{26} dn, R_{27} m, R_{28} u, R_{29} K). Während der Ausführung schaltet das Programm vorübergehend auf die Verteilung 719.29 und benutzt Block 3 als Programmteil.

(e) Eingabe des Programms

Speicherbereichsverteilung durch 2 Op 17 einstellen auf 799.19. Programm eintasten. (Eingabe des Befehls HIR: Band 3/I, Anhang A.) Speicherbereichsverteilung durch 6 Op 17 auf Grundstellung setzen. Block 1 und 3 auf je eine Magnetkartenseite aufzeichnen.

1. Liste zu Programm 2.1

```
000  76  LBL
001  12   B
002  43  RCL
003  25   25
004  92  RTN
005  76  LBL
006  13   C
007  43  RCL
008  26   26
009  92  RTN
010  76  LBL
011  11   A
012  43  RCL
013  24   24
014  92  RTN
015  76  LBL
016  19  D'
017  43  RCL
018  27   27
019  92  RTN
020  76  LBL
021  18  C'
022  43  RCL
023  29   29
024  92  RTN
025  76  LBL
026  14   D
027  12   B
028  70  RAD
029  22  INV
030  39  COS
031  92  RTN
032  76  LBL
033  16  A'
034  42  STO
035  28   28
036  92  RTN
037  76  LBL
038  17  B'
039  70  RAD
040  22  INV
041  58  FIX
042  82  HIR
043  05   05
044  32  X:T
045  89   π
046  42  STO
047  29   29
048  00   0
049  82  HIR
050  08   08
051  67   EQ
052  01   01
053  88   88
054  05   5
055  77   GE
056  00   00
057  88   88
058  01   1
059  42  STO
060  26   26
061  00   0
062  42  STO
063  27   27
064  02   2
065  22  INV
066  49  PRD
067  29   29
068  43  RCL
069  28   28
070  38  SIN
071  42  STO
072  24   24
073  43  RCL
074  28   28
075  39  COS
076  61  GTO
077  01   01
078  82   82
079  76  LBL
080  10  E'
081  53   (
082  23  LNX
083  55   ÷
084  89   π
085  54   )
086  94  +/-
087  92  RTN
088  03   3
089  69  OP
090  17   17
091  71  SBR
092  05   05
093  78   78
094  49  PRD
095  29   29
096  49  PRD
097  29   29
098  35  1/X
099  42  STO
100  26   26
101  71  SBR
102  05   05
103  68   68
104  49  PRD
105  26   26
106  13   C
107  33  X²
108  33  X²
109  94  +/-
110  42  STO
111  27   27
112  53   (
113  43  RCL
114  28   28
115  49  PRD
116  25   25
117  55   ÷
118  18  C'
119  54   )
120  22  INV
121  59  INT
122  50  I×I
123  42  STO
124  24   24
125  71  SBR
126  05   05
127  73   73
128  49  PRD
129  26   26
130  93   .
131  05   5
132  49  PRD
133  29   29
134  22  INV
135  44  SUM
136  24   24
137  11   A
138  71  SBR
139  05   05
140  73   73
141  22  INV
142  49  PRD
143  26   26
144  06   6
145  69  OP
146  17   17
147  53   (
148  53   (
149  01   1
150  44  SUM
151  27   27
152  42  STO
153  24   24
154  75   -
155  13   C
156  33  X²
157  54   )
158  55   ÷
159  19  D'
160  54   )
161  22  INV
162  44  SUM
163  24   24
164  53   (
165  34  ΓX
166  65   ×
167  12   B
168  38  SIN
169  69  OP
170  10   10
171  54   )
172  48  EXC
173  24   24
174  53   (
175  34  ΓX
176  65   ×
177  12   B
178  39  COS
179  69  OP
180  10   10
181  54   )
182  42  STO
183  25   25
184  82  HIR
185  15   15
186  24  CE
187  92  RTN
188  35  1/X
189  42  STO
190  29   29
191  01   1
192  42  STO
193  27   27
194  43  RCL
195  28   28
196  53   (
197  22  INV
198  23  LNX
199  42  STO
200  24   24
201  85   +
202  35  1/X
203  22  INV
204  44  SUM
205  24   24
206  54   )
207  53   (
208  35  1/X
209  85   +
210  49  PRD
211  24   24
212  54   )
213  42  STO
214  26   26
215  61  GTO
216  01   01
217  82   82
```

2. Liste zu Programm 2.1

568	33	X²	606	82	HIR	644	22	INV	682	18	18
569	42	STO	607	18	18	645	28	LOG	683	85	+
570	25	25	608	54	)	646	32	X:T	684	82	HIR
571	93	.	609	53	(	647	53	(	685	16	16
572	05	5	610	39	COS	648	35	1/X	686	54	)
573	82	HIR	611	55	÷	649	65	×	687	53	(
574	08	08	612	53	(	650	89	π	688	33	X²
575	82	HIR	613	82	HIR	651	94	+/-	689	65	×
576	15	15	614	16	16	652	65	×	690	01	1
577	32	X:T	615	33	X²	653	82	HIR	691	82	HIR
578	01	1	616	65	×	654	07	07	692	36	36
579	82	HIR	617	01	1	655	82	HIR	693	82	HIR
580	06	06	618	82	HIR	656	18	18	694	17	17
581	77	GE	619	36	36	657	33	X²	695	54	)
582	06	06	620	82	HIR	658	54	)	696	22	INV
583	42	42	621	17	17	659	22	INV	697	23	LNX
584	02	2	622	54	)	660	23	LNX	698	54	)
585	82	HIR	623	22	INV	661	42	STO	699	44	SUM
586	48	48	624	23	LNX	662	23	23	700	23	23
587	35	1/X	625	54	)	663	53	(	701	77	GE
588	42	STO	626	44	SUM	664	53	(	702	06	06
589	23	23	627	23	23	665	82	HIR	703	63	63
590	08	8	628	50	I×I	666	18	18	704	82	HIR
591	94	+/-	629	77	GE	667	75	-	705	16	16
592	22	INV	630	06	06	668	82	HIR	706	32	X:T
593	28	LOG	631	02	02	669	16	16	707	02	2
594	32	X:T	632	82	HIR	670	54	)	708	77	GE
595	82	HIR	633	16	16	671	53	(	709	06	06
596	07	07	634	32	X:T	672	33	X²	710	63	63
597	89	π	635	02	2	673	65	×	711	82	HIR
598	82	HIR	636	77	GE	674	82	HIR	712	15	15
599	47	47	637	06	06	675	17	17	713	34	√X
600	82	HIR	638	02	02	676	54	)	714	22	INV
601	48	48	639	61	GTO	677	22	INV	715	49	PRD
602	53	(	640	07	07	678	23	LNX	716	23	23
603	82	HIR	641	15	15	679	85	+	717	43	RCL
604	16	16	642	08	8	680	53	(	718	23	23
605	65	×	643	94	+/-	681	82	HIR	719	92	RTN

Programmstruktur

Schritt 039–057, 088–186, 568–719 sn, cn, dn [u, w], K [w], m [w]
(091–105 Theta-Null-Faktoren; 112–124 Argument-Reduktion;
568–719 Θ_3; 125–143 dn; 147–183 sn, cn)
188–217 Sonderfall w = 0; 058–078 Sonderfall $w \to \infty$ (hier $w > 5$)

(f) Funktions-Anwendungen

- *Beispiel 2.1-1:* Man berechne sn, cn, dn [u, w] und am [u, w] für u = 2, w = 0.7. –
Es kommt sn [2, 0.7] = 0.989826, Tastenfolge 2 A' .7 B' A; cn [2, 0.7] = 0.142282, Tastenfolge B; dn [2, 0.7] = 0.426116, Tastenfolge C; am [2, 0.7] = 1.428030, Tastenfolge D. [Die Ergebnisse stimmen mit jenen in Beispiel 1.2-5 und 1.2-6 überein.]

- *Beispiel 2.1-2: Landen-Transformation* (Verdopplungsformel bezüglich w):

$$\mathrm{sn}[u, 2w] = (1+\kappa)\,\frac{\mathrm{sn}[v,w]\,\mathrm{cn}[v,w]}{\mathrm{dn}[v,w]} \quad \text{mit } v = \frac{u}{1+\kappa} \quad \text{und}$$

$$1+\kappa = 1+\sqrt{1-m[w]} = 1+\sqrt{m[\tfrac{1}{w}]} = \frac{2}{1+\sqrt{m[2w]}}$$

$$\mathrm{cn}[u, 2w] = \frac{\mathrm{cn}^2[v,w]-\kappa\,\mathrm{sn}^2[v,w]}{\mathrm{dn}[v,w]} \quad \text{mit } \kappa = \sqrt{1-m[w]} = \sqrt{m[\tfrac{1}{w}]} = \frac{1-\sqrt{m[2w]}}{1+\sqrt{m[2w]}}$$

$$\mathrm{dn}[u, 2w] = \frac{\mathrm{cn}^2[v,w]+\kappa\,\mathrm{sn}^2[v,w]}{\mathrm{dn}[v,w]}$$

(folgt aus Beispiel 1.2-1). Man teste die entsprechenden Routinen mit der Berechnung von sn [u, 2w] für u = 1, w = 0.7. –
Für die linke Seite der ersten Gleichung erhält man sn [1, 1.4] = 0.828094, Tastenfolge 1 A' 1.4 B' A. Ferner ist $1+\kappa = 2/(1+\sqrt{m[1.4]})$, Tastenfolge 2 ÷ (1 + D' $\sqrt{x}$ = STO 00, und es wird $v = 1/(1+\kappa)$, Tastenfolge 1/x A'. Die rechte Seite der ersten Gleichung ergibt nun $(1+\kappa)$ sn [v, 0.7] cn [v, 0.7]/dn [v, 0.7] = 0.828094, Tastenfolge .7 B' RCL 00 X A X B ÷ C =

- *Beispiel 2.1-3: Gauß-Transformation* (Halbierungsformel bezüglich w):

$$\mathrm{sn}[u, \tfrac{w}{2}] = (1+k)\,\frac{1}{N}\,\mathrm{sn}[z,w] \quad \text{mit } z = \frac{u}{1+k}, \quad N = 1+k\,\mathrm{sn}^2[z,w] \quad \text{und}$$

$$1+k = 1+\sqrt{m[w]} = \frac{2}{1+\sqrt{m[\tfrac{2}{w}]}} = \frac{2}{1+\sqrt{1-m[\tfrac{w}{2}]}},$$

$$k = \sqrt{m[w]} = \frac{1-\sqrt{m[\tfrac{2}{w}]}}{1+\sqrt{m[\tfrac{2}{w}]}} = \frac{1-\sqrt{1-m[\tfrac{w}{2}]}}{1+\sqrt{1-m[\tfrac{w}{2}]}}$$

$$\mathrm{cn}[u, \tfrac{w}{2}] = \frac{1}{N}\,\mathrm{cn}[z,w]\,\mathrm{dn}[z,w]$$

$$\mathrm{dn}[u, \tfrac{w}{2}] = \frac{1}{N}\,(1-k\,\mathrm{sn}^2[z,w]) = \frac{2-N}{N}$$

(folgt aus Beispiel 1.2-2). Man teste die entsprechenden Routinen mit der Berechnung von cn [u, w/2] für u = 1, w = 0.7. –
Für die linke Seite der zweiten Gleichung erhält man cn [1, 0.35] = 0.647851, Tastenfolge 1 A' .35 B' B. Ferner ist $1+k = 2/(1+\sqrt{1-m[0.35]})$, Tastenfolge 2 ÷ (1 + (1 − D') $\sqrt{x}$ = STO 00, und es wird $z = 1/(1+k)$, Tastenfolge 1/x A'. Die rechte Seite der zweiten Gleichung ergibt nun cn [z, 0.7] dn [z, 0.7]/(1 + k sn^2 [z, 0.7]) = 0.647851, Tastenfolge .7 B' B X C ÷ (1 + (RCL 00 − 1) X A x^2 =

- *Beispiel 2.1-4: Imaginäres Argument.* Es gilt

$$\frac{1}{i}\,\mathrm{sn}\,[iu, w] = \mathrm{sc}\,[u, \tfrac{1}{w}] \qquad (\text{mit } \mathrm{sc} = \mathrm{sn}/\mathrm{cn})$$

$$\mathrm{cn}\,[iu, w] = \mathrm{nc}\,[u, \tfrac{1}{w}] \qquad (\text{mit } \mathrm{nc} = 1/\mathrm{cn})$$

$$\mathrm{dn}\,[iu, w] = \mathrm{dc}\,[u, \tfrac{1}{w}] \qquad (\text{mit } \mathrm{dc} = \mathrm{dn}/\mathrm{cn}) \qquad (i = \sqrt{-1})$$

(folgt aus Beispiel 1.2-3). Man berechne cn [3i, 2]. –
Es kommt cn [3i, 2] = 1/cn [3, $\frac{1}{2}$] = 35.1513, Tastenfolge 3 A' .5 B' B 1/x

- *Beispiel 2.1-5:* Zwischen den vierten Potenzen der elliptischen Funktionen besteht die Beziehung (eine Folgerung aus Beispiel 1.2-4)

$$m\,[w]\,m\,[1/w]\,\mathrm{sn}^4\,[u, w] + \mathrm{dn}^4\,[u, w] = m\,[w]\,\mathrm{cn}^4\,[u, w] + m\,[1/w]$$

(wobei m [1/w] = 1 – m [w]). Damit teste man die Routinen (Testwerte u = 3, w = 1/2). –
Die linke Seite der Gleichung ergibt $m[\frac{1}{2}]\,(1 - m[\frac{1}{2}])\,\mathrm{sn}^4\,[3, \frac{1}{2}] + \mathrm{dn}^4\,[3, \frac{1}{2}] = 0.029438$,
Tastenfolge 3 A' .5 B' D' X (1 – D') X A x^2 x^2 + C x^2 x^2 =; die rechte Seite der Gleichung liefert $m[\frac{1}{2}]\,\mathrm{cn}^4\,[3, \frac{1}{2}] + 1 - m[\frac{1}{2}] = 0.029438$, Tastenfolge D' X B x^2 x^2 + 1 – D' =

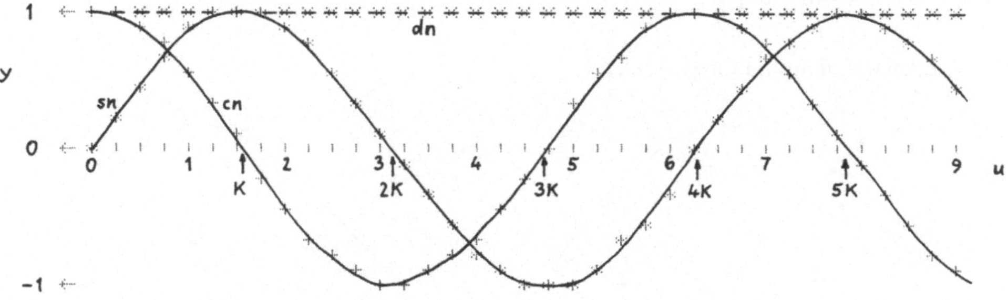

Bild 2.2-1 Elliptische Funktionen von Jacobi (mit Parameter $m = k^2$)
$y = \mathrm{sn}(u\,|\,m)$, $y = \mathrm{cn}(u\,|\,m)$, $y = \mathrm{dn}(u\,|\,m)$, $0 \leqslant u \leqslant 9$, $\underline{m = 0}$
[$K(0) = \pi/2 \approx 1.571$; $\mathrm{sn}(u\,|\,0) = \sin u$, $\mathrm{cn}(u\,|\,0) = \cos u$, $\mathrm{dn}(u\,|\,0) = 1$]

(a) Algorithmus

(I) Elliptische Funktionen von Jacobi mit Parameter m

(1) Berechnung der Grenzamplitude $\overline{\psi}$ (über das elliptische Integral F) durch Vorwärtsrekursion

Grundlage ist die absteigende Gauß-Transformation für F [vgl. Band 16 (Beispiel 2.2-20)]:

$$u = F(\varphi|m) = \frac{2}{1+\kappa_0} F(\psi_1|\mu_1) \quad \text{mit} \quad \kappa_0 = \sqrt{1-m}, \ \mu_1 = \left(\frac{1-\kappa_0}{1+\kappa_0}\right)^2,$$

$$\psi_1 = \arcsin\left[\frac{1-\sqrt{1-m\sin^2\varphi}}{(1-\kappa_0)\sin\varphi}\right]$$

Iteration (nochmalige Anwendung der Transformation) ergibt

$$u = F(\varphi|m) = \frac{2}{1+\kappa_0}\,\frac{2}{1+\kappa_1} F(\psi_2|\mu_2) \quad \text{mit} \quad \kappa_1 = \sqrt{1-\mu_1} = \frac{2}{1+\kappa_0}\sqrt{\kappa_0},$$

$$\mu_2 = \left(\frac{1-\kappa_1}{1+\kappa_1}\right)^2, \quad \psi_2 = \arcsin\left[\frac{1-\sqrt{1-\mu_1\sin^2\psi_1}}{(1-\kappa_1)\sin\psi_1}\right]$$

Nach mehrmaliger Iteration erhält man allgemein

$$u = F(\varphi|m) = F(\psi_n|\mu_n)\prod_{r=0}^{n-1}\frac{2}{1+\kappa_r} \qquad (n = 1, 2, \ldots;\ \mu_0 = m,\ \psi_0 = \varphi)$$

mit $\kappa_n = \sqrt{1-\mu_n} = \dfrac{2}{1+\kappa_{n-1}}\sqrt{\kappa_{n-1}}, \quad \mu_n = \left(\dfrac{1-\kappa_{n-1}}{1+\kappa_{n-1}}\right)^2,$

$$\psi_n = \arcsin\left[\frac{1-\sqrt{1-\mu_{n-1}\sin^2\psi_{n-1}}}{(1-\kappa_{n-1})\sin\psi_{n-1}}\right]$$

Bei der absteigenden Gauß-Transformation gilt

$n\to\infty$: $\mu_n\to 0$, $\psi_n\to\overline{\psi}$, daher $F(\psi_n|\mu_n)\to F(\overline{\psi}|0) = \overline{\psi}$,

somit $u = F(\varphi|m) = \overline{\psi}\displaystyle\prod_{r=0}^{\infty}\frac{2}{1+\kappa_r}$ oder umgekehrt $\overline{\psi} = u\displaystyle\prod_{r=0}^{\infty}\frac{1+\kappa_r}{2}$.

(Die Größen u und m sind Eingabedaten.)

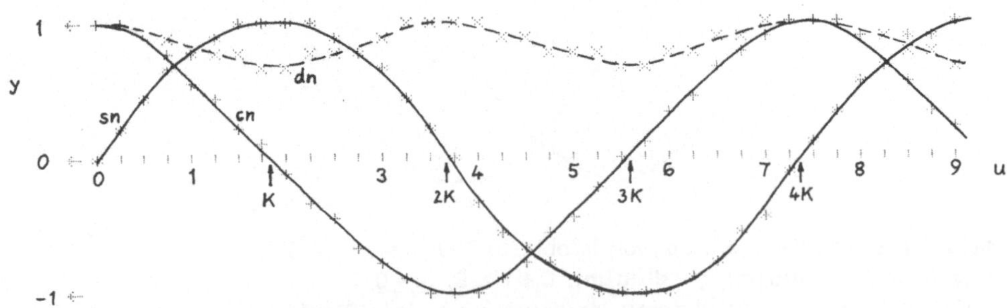

Bild 2.2-2 Elliptische Funktionen von Jacobi (mit Parameter $m = k^2$)
$y = \mathrm{sn}(u|m)$, $y = \mathrm{cn}(u|m)$, $y = \mathrm{dn}(u|m)$, $0 \leqslant u \leqslant 9$, $\underline{m = 0.5}$
$[K(0.5) \approx 1.854]$

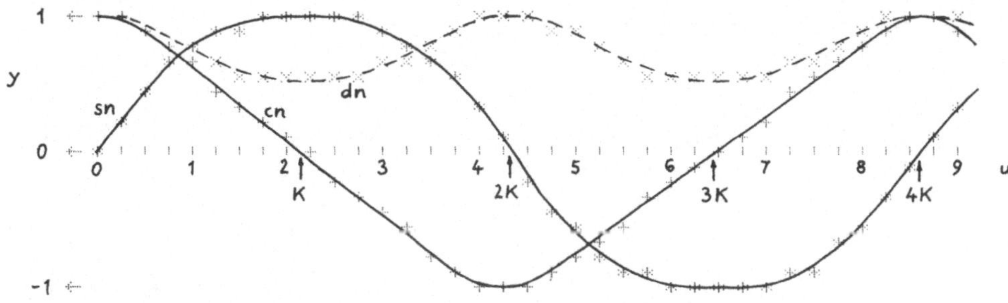

Bild 2.2-3 Elliptische Funktionen von Jacobi (mit Parameter $m = k^2$)
$y = \mathrm{sn}(u\,|\,m)$, $y = \mathrm{cn}(u\,|\,m)$, $y = \mathrm{dn}(u\,|\,m)$, $0 \leqslant u \leqslant 9$, $\underline{m = 0.75}$
$[K(0.75) \approx 2.157]$

Das Verfahren wird nach dem N-ten Schritt abgebrochen:

$$\overline{\psi} = [1 + \delta(u\,|\,m)]\,\psi_N \quad \text{mit} \quad \psi_N = u \prod_{r=0}^{N} \frac{1+\kappa_r}{2} \quad \text{und} \quad 1 + \delta = \prod_{r=N+1}^{\infty} \frac{1+\kappa_r}{2}.$$

Numerische Experimente zeigen, daß für $-10^{12} < u < 10^{12}$ und $-10^{12} < m < 1 - 10^{-12}$ maximal 7 Iterationen ausreichen (somit ist $N_{max} = 7$ vorzusehen).

(2) Berechnung der Amplitude $\varphi = \mathrm{am}(u\,|\,m)$ (als Umkehrung des elliptischen Integrals F) durch Rückwärtsrekursion

Die in Abschnitt (1) verwendete Amplitudentransformation von φ auf ψ_1, nämlich $\sin\psi_1 = \dfrac{1 - \sqrt{1 - m\sin^2\varphi}}{(1-\kappa_0)\sin\varphi}$, ist umkehrbar: $\sin\varphi = \dfrac{1+\sqrt{\mu_1}}{1+\sqrt{\mu_1}\sin^2\psi_1}\sin\psi_1$. Für die Iterationen in Abschnitt (1) gilt daher allgemein der Zusammenhang $\sin\psi_{n-1} = \dfrac{1+\sqrt{\mu_n}}{1+\sqrt{\mu_n}\sin^2\psi_n}\sin\psi_n$ $(n = N, N-1, \ldots, 1)$; startet man mit $\mu_N \approx 0$ und $\psi_N \approx \overline{\psi}$ [das aus Abschnitt (I) bekannt ist], so kann man damit im „Rückwärtsgang" über $\psi_{N-1}, \psi_{N-2}, \ldots$ [die ebenfalls aus Abschnitt (I) bekannt sind] schließlich $\psi_0 \approx \varphi = \mathrm{am}(u\,|\,m)$ berechnen. Es folgt dann für die elliptischen Funktionen von Jacobi:

$$\mathrm{sn}(u\,|\,m) = \sin\varphi = \sin\psi_0 + \epsilon(u\,|\,m) \quad \text{mit} \quad |\epsilon(u\,|\,m)| \lesssim 1 \times 10^{-10}$$

[vgl. Fehlerkurve $\epsilon_1(m) = \epsilon(1\,|\,m)$ in Anhang β (Bild β-4)];

$$\mathrm{cn}(u\,|\,m) = \cos\varphi \approx \cos\psi_0, \quad \mathrm{dn}(u\,|\,m) = \sqrt{1 - m\sin^2\varphi} \approx \sqrt{1 - m\sin^2\psi_0}$$

Die Realisierung der Iterationsverfahren aus Abschnitt (1) und (2) erfolgt zweckmäßig durch das modifizierte AGM-Schema von Bulirsch (algorithm 5, procedure sn cn dn):

(1') (Vorwärtsrekursion:)

Startwerte: $a_0 = 1$, $b_0 = \sqrt{1-m}$

Iterationsverfahren: $a_n = \frac{1}{2}(a_{n-1} + b_{n-1})$, $b_n = \sqrt{a_{n-1} b_{n-1}}$ $(n = 1, 2, \ldots, N)$.

Dann ist $a_N \approx b_N$ und $\psi_N = u\,a_N$.

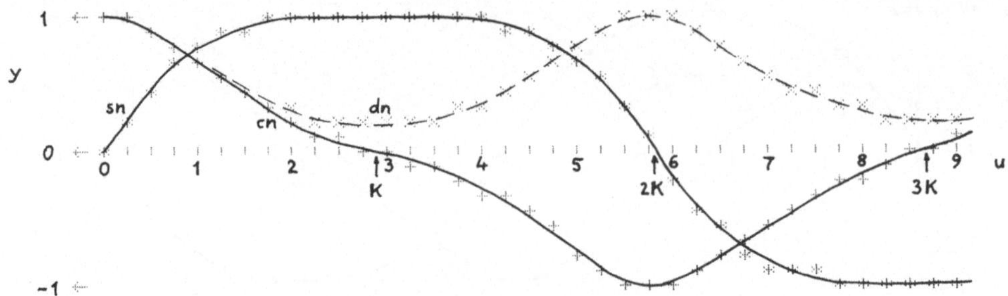

Bild 2.2-4 Elliptische Funktionen von Jacobi (mit Parameter $m = k^2$)
$y = \mathrm{sn}(u \mid m)$, $y = \mathrm{cn}(u \mid m)$, $y = \mathrm{dn}(u \mid m)$, $0 \leqslant u \leqslant 9$, $\underline{m = 0.95}$
[$K(0.95) \approx 2.908$]

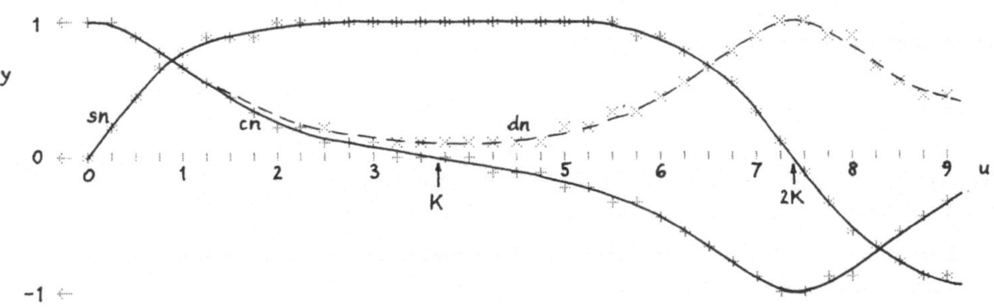

Bild 2.2-5 Elliptische Funktionen von Jacobi (mit Parameter $m = k^2$)
$y = \mathrm{sn}(u \mid m)$, $y = \mathrm{cn}(u \mid m)$, $y = \mathrm{dn}(u \mid m)$, $0 \leqslant u \leqslant 9$, $\underline{m = 0.99}$
[$K(0.99) \approx 3.696$]

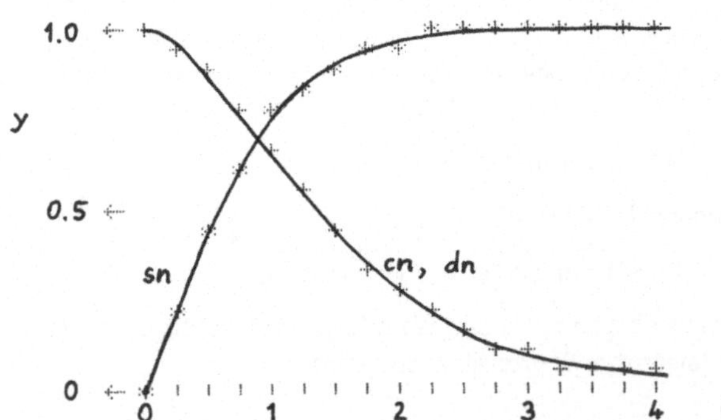

Bild 2.2-6 Elliptische Funktionen von Jacobi (mit Parameter $m = k^2$)
$y = \mathrm{sn}(u \mid m)$, $y = \mathrm{cn}(u \mid m)$, $y = \mathrm{dn}(u \mid m)$, $0 \leqslant u \leqslant 4$, $\underline{m = 1}$
[$K(1) = \infty$; $\mathrm{sn}(u \mid 1) = \tanh u$, $\mathrm{cn}(u \mid 1) = 1/\cosh u$, $\mathrm{dn}(u \mid 1) = 1/\cosh u$]

(2') (Rückwärtsrekursion:)

Das Iterationsverfahren in Abschnitt (2) beruht auf der Transformation

$\sin\varphi = \dfrac{1+\sqrt{\mu_1}}{1+\sqrt{\mu_1}\sin^2\psi_1}\sin\psi_1$; eine zweckmäßige Umformung ist $\cot\varphi = \dfrac{\sqrt{1-\mu_1\sin^2\psi_1}}{1+\sqrt{\mu_1}}\cot\psi_1$,

allgemein $\cot\psi_{n-1} = \dfrac{\sqrt{1-\mu_n\sin^2\psi_n}}{1+\sqrt{\mu_n}}\cot\psi_n$ $(n = N, N-1, \ldots, 1)$. [Die im folgenden benötigten Werte a_n und b_n $(n = 1, 2, \ldots, N)$ sind aus der Vorwärtsrekursion, Abschnitt (1'), bekannt.]

Startwerte: $c_N = a_N \cot\psi_N = a_N \cot(u\, a_N)$, $d_N = 1$

Iterationsverfahren: $c_{n-1} = d_n c_n$, $d_{n-1} = \dfrac{b_n + c_n^2/a_{n+1}}{a_n + c_n^2/a_{n+1}}$ $(n = N, N-1, \ldots, 1)$.

Dann ist $\cot\varphi \approx \cot\psi_0 = c_0/a_0 = c_0$, daher

$$\mathrm{sn}(u\,|\,m) = \sin\varphi \approx \sin\psi_0 = \frac{1}{\sqrt{1+c_0^2}},$$

$$\mathrm{cn}(u\,|\,m) = \cos\varphi \approx \cos\psi_0 = \frac{c_0}{\sqrt{1+c_0^2}}, \qquad \mathrm{dn}(u\,|\,m) \approx d_0.$$

Sonderfall $m = 1$: $\mathrm{sn}(u\,|\,1) = \tanh u$, $\mathrm{cn}(u\,|\,1) = \mathrm{dn}(u\,|\,1) = 1/\cosh u$.

(II) Amplitude: zur Einsparung von Programmschritten und Datenregistern wird die Amplitude $\mathrm{am}(u\,|\,m) = \varphi \approx \psi_0$ nicht aus Abschnitt (I) übernommen (unter Beachtung von Sonderfällen), sondern bei Aufruf mit geringstem Aufwand neu berechnet:

$$\mathrm{am}(u\,|\,m) = \arccos \mathrm{cn}(u\,|\,m) \qquad [0 \leqslant u \leqslant 2\,K(m)]$$

(III) K(m), w(m), q(m): wie in Band 16, Programm 1.3

(b) Bedienungshinweise

Programmadreß-Tasten:

u	m → START	m → K(m)	m → w(m)	m → q(m)
sn(u | m)	cn(u | m)	dn(u | m)	am(u | m)	

Speicherbereichsverteilung: Grundstellung
Programm laden: 2 Magnetkartenseiten einlesen (Block 1 und 3)
Winkelmodus: beliebig (zurück bleibt Rad)
Anzeigeformat: beliebig (zurück bleibt INV Fix)
Argumentbereich:
(I) sn, cn, dn(u | m): etwa $-10^{12} < u < 10^{12}$, $-10^{12} < m \leqslant 1$;
(II) am(u | m): $0 \leqslant u \leqslant 2\,K(m)$, etwa $-10^{12} < m \leqslant 1$;
(III) K(m): etwa $-10^{12} < m \leqslant 1$;
(IV) w, q(m): $0 \leqslant m \leqslant 1$
Genauigkeit (Richtwert): 9 D/S

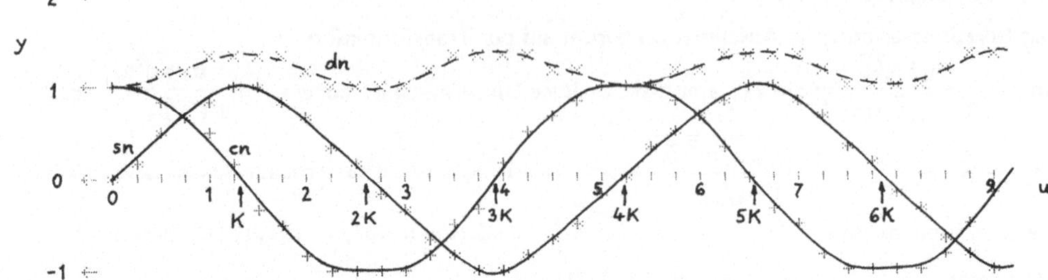

Bild 2.2-7 Elliptische Funktionen von Jacobi (mit Parameter $m = k^2$)
$y = \mathrm{sn}(u|m)$, $y = \mathrm{cn}(u|m)$, $y = \mathrm{dn}(u|m)$, $0 \leqslant u \leqslant 9$, $\underline{m = -1}$
$[K(-1) \approx 1.311]$

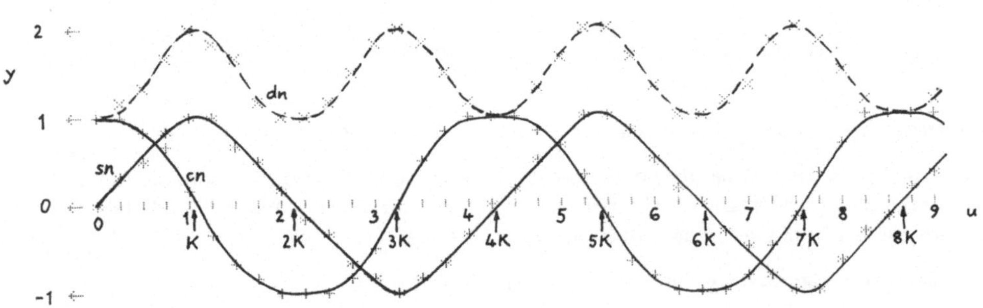

Bild 2.2-8 Elliptische Funktionen von Jacobi (mit Parameter $m = k^2$)
$y = \mathrm{sn}(u|m)$, $y = \mathrm{cn}(u|m)$, $y = \mathrm{dn}(u|m)$, $0 \leqslant u \leqslant 9$, $\underline{m = -3}$
$[K(-3) \approx 1.078]$

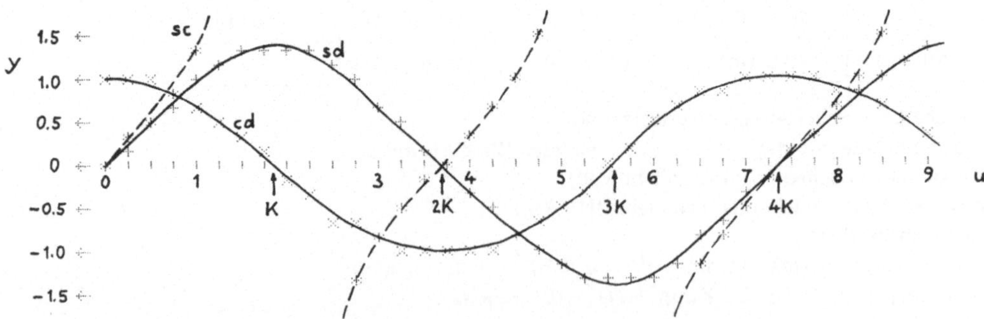

Bild 2.2-9 Weitere elliptische Funktionen von Jacobi (mit Parameter $m = k^2$)
$y = \mathrm{sc}(u|m)$, $y = \mathrm{sd}(u|m)$, $y = \mathrm{cd}(u|m)$, $0 \leqslant u \leqslant 9$, $\underline{m = 0.5}$
$[K(0.5) \approx 1.854]$

Tabelle 2.2-1 Elliptische Funktionen von Jacobi (mit Parameter $m = k^2$) und Amplitude sn, cn, dn$(u|m)$, am$(u|m)$, $u = 1$, $m = 0(.1)1$, 9D [vgl. Tab. α-3 im Anhang]

m	sn(1|m)	cn(1|m)	dn(1|m)	am(1|m)
0.0	0.841470985	0.540302306	1.000000000	1.000000000
0.1	0.834036546	0.551709198	0.964592299	0.986384166
0.2	0.826468498	0.562982967	0.929187798	0.972805652
0.3	0.818770715	0.574120647	0.893803309	0.959266576
0.4	0.810947148	0.585119409	0.858455526	0.945769030
0.5	0.803001825	0.595976568	0.823161002	0.932315080
0.6	0.794938839	0.606689576	0.787936130	0.918906762
0.7	0.786762346	0.617256033	0.752797122	0.905546084
0.8	0.778476555	0.627673684	0.717759989	0.892235022
0.9	0.770085725	0.637940418	0.682840522	0.878975518
1.0	0.761594156	0.648054274	0.648054274	0.865769483

Tabelle 2.2-2 Elliptische Funktionen von Jacobi (mit Parameter $m = k^2$) und Amplitude sn, cn, dn$(u|m)$, am$(u|m)$, $u = 1$, $m = 0(-.2)-2$, 9D

m	sn(1|m)	cn(1|m)	dn(1|m)	am(1|m)
0.0	0.841470985	0.540302306	1.000000000	1.000000000
-0.2	0.855923974	0.517101683	1.070757288	1.027335039
-0.4	0.869798296	0.493407462	1.141323631	1.054793376
-0.6	0.883066424	0.469248006	1.211562539	1.082357313
-0.8	0.895702645	0.444653542	1.281337810	1.110008904
-1.0	0.907683221	0.419656013	1.350514284	1.137730012
-1.2	0.918986532	0.394288922	1.418958595	1.165502368
-1.4	0.929593199	0.368587145	1.486539916	1.193307629
-1.6	0.939486200	0.342586748	1.553130681	1.221127442
-1.8	0.948650953	0.316324786	1.618607282	1.248943503
-2.0	0.957075389	0.289839093	1.682850736	1.276737617

Bemerkung: Nach Eingabe von Argument u (Taste A') und Parameter m (Taste B') startet die Berechnung. Am Ende der Rechnung erscheint wieder der Parameter m in der Anzeige. Nun stehen die Werte sn, cn, dn, am *gleichzeitig* zur Verfügung: sie sind in beliebiger Reihenfolge (und beliebig oft) durch die entsprechenden Tasten sofort abrufbar.

Programmkenndaten

Speicherbedarf: effektiv 186 Programmschritte, 43 Datenregister ($R_{17} - R_{59}$)
Labels: A–D, A'–E'; abs. Adressen: ja; T-Reg.: verwendet, Flags: keine
SBR-Ebenen / Klammer-Ebenen / unvollständige Op.-Ebenen:

sn, cn, dn, am $(u|m)$: 0/2/4
K(m): 0/1/1; w(m): 1/2/3; q(m): 2/3/3

(c) Checkwerte

(I) $\mathrm{sn}(\pi \mid 1/\pi) = 0.3016304060$ (Laufzeit 26 Sek.), Tastenfolge π A' 1/x B', dann
$\mathrm{cn}(\pi \mid 1/\pi) = -0.9534249305$ A, B, C, D (in beliebiger Reihenfolge und beliebig oft)
$\mathrm{dn}(\pi \mid 1/\pi) = 0.9854135576$
$\mathrm{am}(\pi \mid 1/\pi) = 2.835190409$

(II) $K(1/\pi) = 1.724756270$ (5 Sek.), Tastenfolge π 1/x C';
$K(-\pi) = 1.067331691$ (6 Sek.); $K(-10\pi) = 0.5519067524$ (6 Sek.)

(III) $w(1/\pi) = 1.188124289$ (12 Sek.), Tastenfolge π 1/x D'

(IV) $q(1/\pi) = 0.0239304747$ (13 Sek.), Tastenfolge π 1/x E'

Tabelle 2.2-3 Weitere elliptische Funktionen von Jacobi (mit Parameter $m = k^2$)
sc, sd, cd $(u \mid m)$, $u = 1$, $m = 0(.1)1$, 9D

m	sc (1 | m)	sd (1 | m)	cd (1 | m)
0.0	1.557407725	0.841470985	0.540302306
0.1	1.511732174	0.864651881	0.571961023
0.2	1.468016879	0.889452595	0.605887172
0.3	1.426130064	0.916052454	0.642334439
0.4	1.385951542	0.944658312	0.681595484
0.5	1.347371471	0.975510044	0.724009722
0.6	1.310289266	1.008887407	0.769973038
0.7	1.274612647	1.045118695	0.819950044
0.8	1.240256802	1.084591739	0.874489652
0.9	1.207143651	1.127768051	0.934245108
1.0	1.175201194	1.175201194	1.000000000

Tabelle 2.2-4 Weitere elliptische Funktionen von Jacobi (mit Parameter $m = k^2$)
sc, sd, cd $(u \mid m)$, $u = 1$, $m = 0(-.2)-2$, 9D

m	sc (1 | m)	sd (1 | m)	cd (1 | m)
0.0	1.557407725	0.841470985	0.540302306
-0.2	1.655233396	0.799363202	0.482930808
-0.4	1.762839767	0.762096107	0.432311615
-0.6	1.881875707	0.728865738	0.387308118
-0.8	2.014383247	0.699037083	0.347022884
-1.0	2.162921994	0.672101904	0.310737930
-1.2	2.330743982	0.647648589	0.277872042
-1.4	2.522044547	0.625340221	0.247949713
-1.6	2.742330824	0.604898359	0.220578186
-1.8	2.998977618	0.586090872	0.195430225
-2.0	3.302092138	0.568722685	0.172231016

(d) Datenregister

Das Programm wird in Grundstellung der Speicherbereichsverteilung eingelesen und benutzt effektiv 43 Datenregister ($R_{17}-R_{59}$).
Andere Zählung: das eigentliche Programm benötigt 346 Schritte und nur 23 Datenregister ($R_{17}-R_{39}$). Während der Ausführung schaltet das Programm vorübergehend auf die Verteilung 639.39 und benutzt Block 3 als Programmteil.

(e) Eingabe des Programms

Speicherbereichsverteilung durch 4 Op 17 einstellen auf 639.39. Programm eintasten. (Eingabe des Befehls HIR: Band 3/I, Anhang A.) Eingabe der Befehlsfolge Dsz 18 484 (Schritt 531–534): zunächst eintasten Dsz 5 484, dann die 5 in Schritt 532 überschreiben mit C' (= Code 18). Analog erfolgt auch die Eingabe von Dsz 18 577 (Schritt 613–616). Speicherbereichsverteilung durch 6 Op 17 auf Grundstellung setzen. Block 1 und 3 auf je eine Magnetkartenseite aufzeichnen.

Programmstruktur

Schritt 029–058, 480–639 sn, cn, dn (u | m)
(484–534 Vorwärtsrekursion, 577–616 Rückwärtsrekursion)
157–184 Sonderfall m = 1
022–026 Eingabe u, 000–021 Ausgabe sn, cn, dn, am (u | m)
064–120 K(m), 124–140 w(m), 144–155 q(m)

(f) Funktions-Anwendungen

- *Beispiel 2.2-1:* Man berechne sn, cn, dn (u | m) und am (u | m) für u = 2, m = 3/4. –
  Es kommt sn (2 | 3/4) = 0.996906619, Tastenfolge 2 A' .75 B' A; cn (2 | 3/4) = 0.0784167960, Tastenfolge B; dn (2 | 3/4) = 0.5045908198, Tastenfolge C; am (2 | 3/4) = 1.492298941, Tastenfolge D. [Die Ergebnisse stimmen mit jenen in Beispiel 1.3-14 und 1.3-15 überein.]

- *Beispiel 2.2-2:* In Programm 2.2 werden auch negative Werte des Parameters m direkt verarbeitet. Man berechne sn, cn, dn (u | m) für u = 1, m = – 8. –
  Es kommt sn (1 | – 8) = 0.8975334217, Tastenfolge 1 A' 8 +/– B' A; cn (1 | – 8) = – 0.4409464331, Tastenfolge B; dn (1 | – 8) = 2.728466592, Tastenfolge C. [Die Ergebnisse stimmen mit jenen in Beispiel 1.3-16 überein.]

- *Beispiel 2.2-3:* Werte des Parameters m, die über 1 liegen, lassen sich durch die Inversionsformeln aus Beispiel 1.3-17 berücksichtigen. Man berechne sn, cn, dn (u | m) für u = 2, m = 9. –
  Es kommt sn (2 | 9) = $\frac{1}{3}$ sn (6 | $\frac{1}{9}$) = – 0.1502824657, Tastenfolge 6 A' 9 1/x B' A ÷ 3 =; cn (2 | 9) = = dn (6 | $\frac{1}{9}$) = 0.9886431007, Tastenfolge C; dn (2 | 9) = cn (6 | $\frac{1}{9}$) = 0.8926010444, Tastenfolge B. [Die Ergebnisse stimmen mit jenen in Beispiel 1.3-17 überein.]

1. Liste zu Programm 2.2

```
000  76 LBL
001  11  A
002  43 RCL
003  37  37
004  92 RTN
005  76 LBL
006  12  B
007  43 RCL
008  38  38
009  92 RTN
010  76 LBL
011  13  C
012  43 RCL
013  39  39
014  92 RTN
015  76 LBL
016  14  D
017  12  B
018  70 RAD
019  22 INV
020  39 COS
021  92 RTN
022  76 LBL
023  16 A'
024  42 STO
025  36  36
026  92 RTN
027  76 LBL
028  17 B'
029  70 RAD
030  22 INV
031  58 FIX
032  82 HIR
033  08  08
034  53  (
035  94 +/-
036  85  +
037  43 RCL
038  36  36
039  82 HIR
040  07  07
041  01  1
042  42 STO
043  37  37
044  42 STO
045  39  39
046  54  )
047  29 CP
048  67  EQ
049  01  01
050  57  57
051  42 STO
052  38  38
053  08  8
054  42 STO
055  18  18
056  04  4
057  69 OP
058  17  17
059  61 GTO
060  04  04
061  80  80
062  76 LBL
063  18 C'
064  32 X:T
065  01  1
066  67  EQ
067  01  01
068  54  54
069  53  (
070  42 STO
071  19  19
072  75  -
073  01  1
074  00  0
075  94 +/-
076  22 INV
077  28 LOG
078  54  )
079  32 X:T
080  53  (
081  94 +/-
082  85  +
083  01  1
084  54  )
085  34 √X
086  42 STO
087  18  18
088  53  (
089  43 RCL
090  19  19
091  65  ×
092  43 RCL
093  18  18
094  44 SUM
095  19  19
096  54  )
097  34 √X
098  53  (
099  42 STO
100  18  18
101  55  ÷
102  02  2
103  22 INV
104  49 PRD
105  19  19
106  43 RCL
107  19  19
108  54  )
109  22 INV
110  77  GE
111  00  00
112  88  88
113  53  (
114  89  π
115  55  ÷
116  02  2
117  55  ÷
118  43 RCL
119  19  19
120  54  )
121  92 RTN
122  76 LBL
123  19 D'
124  82 HIR
125  08  08
126  53  (
127  94 +/-
128  85  +
129  01  1
130  54  )
131  29 CP
132  67  EQ
133  10 E'
134  53  (
135  18 C'
136  55  ÷
137  82 HIR
138  18  18
139  18 C'
140  54  )
141  92 RTN
142  76 LBL
143  10 E'
144  29 CP
145  67  EQ
146  00  00
147  04  04
148  53  (
149  19 D'
150  65  ×
151  89  π
152  54  )
153  22 INV
154  23 LNX
155  35 1/X
156  92 RTN
157  43 RCL
158  36  36
159  53  (
160  22 INV
161  23 LNX
162  42 STO
163  37  37
164  85  +
165  35 1/X
166  22 INV
167  44 SUM
168  37  37
169  54  )
170  53  (
171  35 1/X
172  85  +
173  49 PRD
174  37  37
175  54  )
176  42 STO
177  38  38
178  42 STO
179  39  39
180  06  6
181  69 OP
182  17  17
183  82 HIR
184  18  18
185  92 RTN
```

2. Liste zu Programm 2.2

480	02	2	520	50	I×I	560	65	×	600	39	39
481	00	0	521	54	)	561	12	B	601	85	+
482	42	STO	522	77	GE	562	54	)	602	35	1/X
483	17	17	523	05	05	563	42	STO	603	48	EXC
484	11	A	524	38	38	564	37	37	604	37	37
485	72	ST*	525	43	RCL	565	49	PRD	605	54	)
486	17	17	526	19	19	566	19	19	606	22	INV
487	42	STO	527	48	EXC	567	01	1	607	49	PRD
488	19	19	528	37	37	568	22	INV	608	39	39
489	08	8	529	49	PRD	569	44	SUM	609	43	RCL
490	44	SUM	530	38	38	570	17	17	610	19	19
491	17	17	531	97	DSZ	571	09	9	611	49	PRD
492	12	B	532	18	18	572	22	INV	612	37	37
493	34	√X	533	04	04	573	44	SUM	613	97	DSZ
494	42	STO	534	84	84	574	18	18	614	18	18
495	38	38	535	01	1	575	43	RCL	615	05	05
496	72	ST*	536	42	STO	576	19	19	616	77	77
497	17	17	537	18	18	577	49	PRD	617	42	STO
498	44	SUM	538	53	(	578	37	37	618	38	38
499	19	19	539	43	RCL	579	73	RC*	619	53	(
500	02	2	540	19	19	580	17	17	620	33	X²
501	22	INV	541	65	×	581	48	EXC	621	85	+
502	49	PRD	542	82	HIR	582	39	39	622	01	1
503	19	19	543	17	17	583	49	PRD	623	54	)
504	07	7	544	54	)	584	19	19	624	53	(
505	22	INV	545	42	STO	585	08	8	625	35	1/X
506	44	SUM	546	38	38	586	44	SUM	626	34	√X
507	17	17	547	39	COS	587	17	17	627	65	×
508	53	(	548	48	EXC	588	53	(	628	82	HIR
509	11	A	549	38	38	589	73	RC*	629	17	17
510	55	÷	550	38	SIN	590	17	17	630	69	OP
511	09	9	551	42	STO	591	85	+	631	10	10
512	22	INV	552	37	37	592	09	9	632	54	)
513	28	LOG	553	67	EQ	593	22	INV	633	42	STO
514	75	-	554	01	01	594	44	SUM	634	37	37
515	53	(	555	80	80	595	17	17	635	49	PRD
516	11	A	556	82	HIR	596	11	A	636	38	38
517	75	-	557	07	07	597	54	)	637	61	GTO
518	12	B	558	53	(	598	53	(	638	01	01
519	54	)	559	35	1/X	599	48	EXC	639	80	80

- *Beispiel 2.2-4: Aufsteigende Landen-Transformation.* Mit den Abkürzungen $k = \sqrt{m}$ und $M = 4k/(1+k)^2$ gilt

$$\mathrm{sn}\,(u\,|\,m) = \frac{2}{1+k}\,\frac{\mathrm{sn}\,(y\,|\,M)\,\mathrm{cn}\,(y\,|\,M)}{\mathrm{dn}\,(y\,|\,M)} \qquad \text{mit } y = \frac{1+k}{2}\,u$$

$$\mathrm{cn}\,(u\,|\,m) = \frac{\mathrm{cn}^2\,(y\,|\,M) - \frac{1-k}{1+k}\,\mathrm{sn}^2\,(y\,|\,M)}{\mathrm{dn}\,(y\,|\,M)}$$

$$\mathrm{dn}\,(u\,|\,m) = \frac{\mathrm{cn}^2\,(y\,|\,M) + \frac{1-k}{1+k}\,\mathrm{sn}^2\,(y\,|\,M)}{\mathrm{dn}\,(y\,|\,M)}$$

(folgt aus Beispiel 1.3-3). Man teste die Routinen mit der Berechnung von dn (1|1/9). –
Mit $m = \frac{1}{9}$ wird $k = \frac{1}{3}$, $M = \frac{3}{4}$. Es kommt $dn\,(1|\frac{1}{9}) = [cn^2\,(\frac{2}{3}|\frac{3}{4}) + \frac{1}{2}\,sn^2\,(\frac{2}{3}|\frac{3}{4})]/dn\,(\frac{2}{3}|\frac{3}{4}) =$ $= 0.9606579995$, Tastenfolge 2 ÷ 3 = A′ .75 B′ B x^2 + A x^2 ÷ 2 = ÷ C =

Kontrolle: auf direktem Weg erhält man $dn\,(1|\frac{1}{9}) = 0.9606579995$, Tastenfolge 1 A′ 9 1/x B′ C

- *Beispiel 2.2-5: Absteigende Landen-Transformation.* (Umkehrung zur aufsteigenden Landen-Transformation aus Beispiel 2.2-4.) Mit den Abkürzungen $\kappa = \sqrt{1-m}$ und $\mu = [(1-\kappa)/(1+\kappa)]^2$ gilt

$$sn\,(u|\mu) = (1+\kappa)\,\frac{sn\,(v|m)\,cn\,(v|m)}{dn\,(v|m)} \qquad \text{mit} \quad v = \frac{u}{1+\kappa}$$

$$cn\,(u|\mu) = \frac{cn^2\,(v|m) - \kappa\,sn^2\,(v|m)}{dn\,(v|m)}$$

$$dn\,(u|\mu) = \frac{cn^2\,(v|m) + \kappa\,sn^2\,(v|m)}{dn\,(v|m)}$$

(folgt aus Beispiel 1.3-4). Man teste die Routinen mit der Berechnung von $dn\,(u|\mu)$ für $u = 1$, $m = 8/9$. –
Mit $m = \frac{8}{9}$ wird $\kappa = \frac{1}{3}$, $\mu = \frac{1}{4}$. Es kommt $dn\,(1|\frac{1}{4}) = [cn^2\,(\frac{3}{4}|\frac{8}{9}) + \frac{1}{3}\,sn^2\,(\frac{3}{4}|\frac{8}{9})]/dn\,(\frac{3}{4}|\frac{8}{9}) =$ $= 0.9114920057$, Tastenfolge .75 A′ 8 ÷ 9 = B′ B x^2 + A x^2 ÷ 3 = ÷ C =

Kontrolle: auf direktem Weg erhält man $dn\,(1|\frac{1}{4}) = 0.9114920057$, Tastenfolge 1 A′ 4 1/x B′ C

- *Beispiel 2.2-6: Aufsteigende Gauß-Transformation.* Mit den Abkürzungen $k = \sqrt{m}$ und $M = 4k/(1+k)^2$ gilt

$$sn\,(u|M) = (1+k)\,\frac{1}{N}\,sn\,(z|m) \quad \text{mit} \quad z = \frac{u}{1+k} \quad \text{und} \quad N = 1 + k\,sn^2\,(z|m)$$

$$cn\,(u|M) = \frac{1}{N}\,cn\,(z|m)\,dn\,(z|m)$$

$$dn\,(u|M) = \frac{1}{N}\,[1 - k\,sn^2\,(z|m)] = \frac{2-N}{N}$$

(folgt aus Beispiel 1.3-5). Man teste die Routinen mit der Berechnung von $cn\,(u|M)$ für $u = 2$, $m = 1/9$. –
Mit $m = \frac{1}{9}$ wird $k = \frac{1}{3}$, $M = \frac{3}{4}$. Es kommt $cn\,(2|\frac{3}{4}) = cn\,(\frac{3}{2}|\frac{1}{9})\,dn\,(\frac{3}{2}|\frac{1}{9})/[1 + \frac{1}{3}\,sn^2\,(\frac{3}{2}|\frac{1}{9})] =$ $= 0.0784167960$, Tastenfolge 1.5 A′ 9 1/x B′ B × C ÷ (1 + A x^2 ÷ 3 =

Kontrolle: auf direktem Weg erhält man $cn\,(2|\frac{3}{4}) = 0.0784167960$, Tastenfolge 2 A′ .75 B′ B

- *Beispiel 2.2-7: Absteigende Gauß-Transformation.* (Umkehrung zur aufsteigenden Gauß-Transformation aus Beispiel 2.2-6). Mit den Abkürzungen $\kappa = \sqrt{1-m}$ und $\mu = [(1-\kappa)/(1+\kappa)]^2$ gilt

$$sn\,(u|m) = \frac{2}{1+\kappa}\,\frac{1}{N}\,sn\,(r|\mu) \quad \text{mit} \quad r = \frac{1+\kappa}{2}\,u \quad \text{und} \quad N = 1 + \frac{1-\kappa}{1+\kappa}\,sn^2\,(r|\mu)$$

$$cn\,(u|m) = \frac{1}{N}\,cn\,(r|\mu)\,dn\,(r|\mu)$$

$$dn\,(u|m) = \frac{1}{N}\left[1 - \frac{1-\kappa}{1+\kappa}\,sn^2\,(r|\mu)\right] = \frac{2-N}{N}$$

(folgt aus Beispiel 1.3-6). Man teste die Routinen mit der Berechnung von sn (1/4|5/9). –

Mit $m = \frac{5}{9}$ wird $\kappa = \frac{2}{3}$, $\mu = \frac{1}{25}$. Es kommt $\mathrm{sn}\,(\frac{1}{4}\,|\,\frac{5}{9}) = \frac{6}{5}\,\mathrm{sn}\,(\frac{5}{24}\,|\,\frac{1}{25})/[1 + \frac{1}{5}\,\mathrm{sn}^2\,(\frac{5}{24}\,|\,\frac{1}{25})] =$ $= 0.2460216192$, Tastenfolge 5 ÷ 24 = A' 25 1/x B' A ÷ (x^2 ÷ 5 + 1) × 1.2 =

Kontrolle: auf direktem Weg erhält man $\mathrm{sn}\,(\frac{1}{4}\,|\,\frac{5}{9}) = 0.2460216192$, Tastenfolge 4 1/x A' 5 ÷ 9 = B' A

- *Beispiel 2.2-8: Additionsformeln* (Auswahl):

$$\mathrm{sn}\,(u+v\,|\,m) = \frac{\mathrm{sn}\,(u\,|\,m)\,\mathrm{cn}\,(v\,|\,m)\,\mathrm{dn}\,(v\,|\,m) + \mathrm{sn}\,(v\,|\,m)\,\mathrm{cn}\,(u\,|\,m)\,\mathrm{dn}\,(u\,|\,m)}{1 - m\,\mathrm{sn}^2\,(u\,|\,m)\,\mathrm{sn}^2\,(v\,|\,m)}$$

$$\mathrm{cn}\,(u+v\,|\,m) = \frac{\mathrm{cn}\,(u\,|\,m)\,\mathrm{cn}\,(v\,|\,m) - \mathrm{sn}\,(u\,|\,m)\,\mathrm{sn}\,(v\,|\,m)\,\mathrm{dn}\,(u\,|\,m)\,\mathrm{dn}\,(v\,|\,m)}{1 - m\,\mathrm{sn}^2\,(u\,|\,m)\,\mathrm{sn}^2\,(v\,|\,m)}$$

$$\mathrm{dn}\,(u+v\,|\,m) = \frac{\mathrm{dn}\,(u\,|\,m)\,\mathrm{dn}\,(v\,|\,m) - m\,\mathrm{sn}\,(u\,|\,m)\,\mathrm{sn}\,(v\,|\,m)\,\mathrm{cn}\,(u\,|\,m)\,\mathrm{cn}\,(v\,|\,m)}{1 - m\,\mathrm{sn}^2\,(u\,|\,m)\,\mathrm{sn}^2\,(v\,|\,m)}$$

(folgt aus Beispiel 1.3-8). Für $v = u$ erhält man *Verdopplungsformeln* bezüglich u:

$$\mathrm{sn}\,(2u\,|\,m) = \frac{2\,\mathrm{sn}\,(u\,|\,m)\,\mathrm{cn}\,(u\,|\,m)\,\mathrm{dn}\,(u\,|\,m)}{1 - m\,\mathrm{sn}^4\,(u\,|\,m)}$$

$$\mathrm{cn}\,(2u\,|\,m) = \frac{\mathrm{cn}^2\,(u\,|\,m) - \mathrm{sn}^2\,(u\,|\,m)\,\mathrm{dn}^2\,(u\,|\,m)}{1 - m\,\mathrm{sn}^4\,(u\,|\,m)}$$

$$\mathrm{dn}\,(2u\,|\,m) = \frac{\mathrm{dn}^2\,(u\,|\,m) - m\,\mathrm{sn}^2\,(u\,|\,m)\,\mathrm{cn}^2\,(u\,|\,m)}{1 - m\,\mathrm{sn}^4\,(u\,|\,m)}$$

Mit der letzten Gleichung teste man die Routinen (Testwerte $u = 1$, $m = 1/2$). –

Es kommt $\mathrm{dn}\,(2\,|\,\frac{1}{2}) = \dfrac{\mathrm{dn}^2\,(1\,|\,\frac{1}{2}) - \frac{1}{2}\,\mathrm{sn}^2\,(1\,|\,\frac{1}{2})\,\mathrm{cn}^2\,(1\,|\,\frac{1}{2})}{1 - \frac{1}{2}\,\mathrm{sn}^4\,(1\,|\,\frac{1}{2})} = 0.7108610478$, Tastenfolge 1 A' .5 B' C x^2 – .5 × A x^2 × B x^2 = ÷ (1 – .5 × A x^2 x^2 =

Kontrolle: auf direktem Weg erhält man $\mathrm{dn}\,(2\,|\,\frac{1}{2}) = 0.7108610478$, Tastenfolge 2 A' .5 B' C

- *Beispiel 2.2-9: Imaginäres Argument.* Es gilt

$$\frac{1}{i}\,\mathrm{sn}\,(i\,u\,|\,m) = \mathrm{sc}\,(u\,|\,1-m) \qquad (\text{mit } \mathrm{sc} = \mathrm{sn}/\mathrm{cn})$$

$$\mathrm{cn}\,(i\,u\,|\,m) = \mathrm{nc}\,(u\,|\,1-m) \qquad (\text{mit } \mathrm{nc} = 1/\mathrm{cn})$$

$$\mathrm{dn}\,(i\,u\,|\,m) = \mathrm{dc}\,(u\,|\,1-m) \qquad (\text{mit } \mathrm{dc} = \mathrm{dn}/\mathrm{cn}) \qquad (i = \sqrt{-1})$$

(folgt aus Beispiel 1.3-7). Man berechne $\mathrm{cn}\,(2i\,|\,1/4)$. –

Es kommt $\mathrm{cn}\,(2i\,|\,\frac{1}{4}) = 1/\mathrm{cn}\,(2\,|\,\frac{3}{4}) = 12.75237004$, Tastenfolge 2 A' .75 B' B 1/x

- *Beispiel 2.2-10:* Für *komplexe Argumentwerte* erhält man komplexe Funktionswerte:

$$\mathrm{sn}(u+iv\,|\,m)=\frac{1}{N}[\mathrm{sn}(u\,|\,m)\,\mathrm{dn}(v\,|\,1-m)+i\,\mathrm{cn}(u\,|\,m)\,\mathrm{dn}(u\,|\,m)\,\mathrm{sn}(v\,|\,1-m)\,\mathrm{cn}(v\,|\,1-m)]$$

mit $N=\mathrm{cn}^2(v\,|\,1-m)+m\,\mathrm{sn}^2(u\,|\,m)\,\mathrm{sn}^2(v\,|\,1-m)$; $i=\sqrt{-1}$; u, v beliebig, $0\leqslant m\leqslant 1$

$$\mathrm{cn}(u+iv\,|\,m)=\frac{1}{N}[\mathrm{cn}(u\,|\,m)\,\mathrm{cn}(v\,|\,1-m)-i\,\mathrm{sn}(u\,|\,m)\,\mathrm{dn}(u\,|\,m)\,\mathrm{sn}(v\,|\,1-m)\,\mathrm{dn}(v\,|\,1-m)$$

$$\mathrm{dn}(u+iv\,|\,m)=\frac{1}{N}[\mathrm{dn}(u\,|\,m)\,\mathrm{cn}(v\,|\,1-m)\,\mathrm{dn}(v\,|\,1-m)-i\,m\,\mathrm{sn}(u\,|\,m)\,\mathrm{cn}(u\,|\,m)\,\mathrm{sn}(v\,|\,1-m)]$$

Man berechne $S=\mathrm{sn}(u+iv\,|\,m)$ für $u=1, v=2, m=1/4$. –
Es ist zweckmäßig, die Berechnung in drei Schritten durchzuführen:

(1) Werte mit u, m (Abspeicherung in $R_{01}-R_{03}$).
$\mathrm{sn}(1\,|\,1/4)=0.8226355781$, Tastenfolge 1 A' 4 1/x B' A STO 01
$\mathrm{cn}(1\,|\,1/4)=0.5685689981$, Tastenfolge B STO 02
$\mathrm{dn}(1\,|\,1/4)=0.9114920057$, Tastenfolge C STO 03

(2) Werte mit v, 1 – m.
$\mathrm{sn}(2\,|\,3/4)=0.9969206619$, Tastenfolge 2 A' .75 B' A
$\mathrm{cn}(2\,|\,3/4)=0.0784167960$, Tastenfolge B
$\mathrm{dn}(2\,|\,3/4)=0.5045908198$, Tastenfolge C

(3) Realteil und Imaginärteil des komplexen Funktionswerts.
Nenner: $N=\mathrm{cn}^2(2\,|\,3/4)+(1/4)\,\mathrm{sn}^2(1\,|\,1/4)\,\mathrm{sn}^2(2\,|\,3/4)=0.1742911826$,
Tastenfolge B x^2 + 4 1/x × RCL 01 x^2 × A x^2 = STO 00

Realteil: $Re\,S=\mathrm{sn}(1\,|\,1/4)\,\mathrm{dn}(2\,|\,3/4)/N=2.381614231$, Tastenfolge RCL 01 × C ÷ RCL 00 =

Imaginärteil: $Im\,S=\mathrm{cn}(1\,|\,1/4)\,\mathrm{dn}(1\,|\,1/4)\,\mathrm{sn}(2\,|\,3/4)\,\mathrm{cn}(2\,|\,3/4)/N=0.2324504086$,
Tastenfolge RCL 02 × RCL 03 × A × B ÷ RCL 00 =

Somit ist $S=\mathrm{sn}(1+2i\,|\,1/4)=Re\,S+i\,Im\,S=2.381614231+i\,0.2324504086$.

- *Beispiel 2.2-11:* Zwischen den vierten Potenzen der elliptischen Funktionen besteht die Beziehung (die jener aus Beispiel 2.1-5 entspricht)

$$m\,\mathrm{sn}^4(u\,|\,m)-\frac{m}{1-m}\mathrm{cn}^4(u\,|\,m)+\frac{1}{1-m}\mathrm{dn}^4(u\,|\,m)=1$$

(folgt aus Beispiel 1.3-9). Damit teste man die Routinen (Testwerte $u=1, m=1/2$). –
Man erhält $\frac{1}{2}\mathrm{sn}^4(1\,|\,\frac{1}{2})-\mathrm{cn}^4(1\,|\,\frac{1}{2})+2\,\mathrm{dn}^4(1\,|\,\frac{1}{2})=1$, Tastenfolge 1 A' .5 B' A x^2 x^2 ÷ 2 – B x^2 x^2 + 2 × C x^2 x^2 =

- *Beispiel 2.2-12:* Mit den Beziehungen $q(0)=0$, $q(1)=1$ und $\ln q(1/2)=-\pi$ teste man die q-Routine. –
Man erhält $q(0)=0$, $q(1)=1$ und $\ln q(1/2)=-3.141592654$, Tastenfolge im letzten Fall .5 E' ln x

- *Beispiel 2.2-13:* Spezieller Argumentwert u = K:

$$\mathrm{sn}(K(m)\,|\,m)=1,\qquad \mathrm{cn}(K(m)\,|\,m)=0,$$
$$\mathrm{dn}(K(m)\,|\,m)=\sqrt{1-m},\qquad \mathrm{am}(K(m)\,|\,m)=\pi/2\qquad(-\infty<m<1)$$

(folgt aus Beispiel 1.3-10). Damit teste man die Routinen (Testwerte m = 1/3 und m = − 3). −

(I) Für m = 1/3 kommt K (1/3) = 1.733916885, Tastenfolge 3 1/x C′ A′. Man erhält $\mathrm{sn}(K(1/3)\,|\,1/3) = 1$, Tastenfolge 3 1/x B′ A; $\mathrm{cn}(K(1/3)\,|\,1/3) = 9.8 \times 10^{-12} \approx 0$, Taste B; $\mathrm{dn}(K(1/3)\,|\,1/3) = \sqrt{2/3} = 0.8164965809$, Taste C; $\mathrm{am}(K(1/3)\,|\,1/3) = \pi/2 = 1.570796327$, Taste D

(II) Für m = − 3 kommt K (− 3) = 1.078257824, Tastenfolge 3 +/− C′ A′. Man bekommt $\mathrm{sn}(K(-3)\,|\,-3) = 1$, Tastenfolge 3 +/− B′ A; $\mathrm{cn}(K(-3)\,|\,-3) = 5.4 \times 10^{-12} \approx 0$, Taste B; $\mathrm{dn}(K(-3)\,|\,-3) = 2$, Taste C; $\mathrm{am}(K(-3)\,|\,-3) = \pi/2 = 1.570796327$, Taste D

• *Beispiel 2.2-14:* Spezieller Argumentwert $u = \frac{1}{2}K$:

$$\mathrm{sn}\,(\tfrac{1}{2}K(m)\,|\,m) = \frac{1}{\sqrt{1+\kappa}} \quad \text{mit } \kappa = \sqrt{1-m} \qquad (-\infty < m < 1),$$

$$\mathrm{cn}\,(\tfrac{1}{2}K(m)\,|\,m) = \sqrt{\frac{\kappa}{1+\kappa}}, \qquad \mathrm{dn}\,(\tfrac{1}{2}K(m)\,|\,m) = \sqrt{\kappa},$$

$$\mathrm{am}\,(\tfrac{1}{2}K(m)\,|\,m) = \operatorname{arc\,cot}\sqrt{\kappa} = \arctan\frac{1}{\sqrt{\kappa}}$$

(folgt aus Beispiel 1.3-11). Damit teste man die Routinen (Testwerte m = 3/4 und m = − 8). −

(I) Für $m = \frac{3}{4}$ wird $\kappa = \frac{1}{2}$. Es kommt $\frac{1}{2}K(\frac{3}{4}) = 1.078257824$, Tastenfolge .75 C′ ÷ 2 = A′. Man erhält $\mathrm{sn}\,(\frac{1}{2}K(\frac{3}{4})\,|\,\frac{3}{4}) = \sqrt{\frac{2}{3}} = 0.8164965809$, Tastenfolge .75 B′ A; $\mathrm{cn}\,(\frac{1}{2}K(\frac{3}{4})\,|\,\frac{3}{4}) = \frac{1}{\sqrt{3}} = 0.5773502692$, Taste B; $\mathrm{dn}\,(\frac{1}{2}K(\frac{3}{4})\,|\,\frac{3}{4}) = \frac{1}{\sqrt{2}} = 0.7071067812$, Taste C; $\mathrm{am}\,(\frac{1}{2}K(\frac{3}{4})\,|\,\frac{3}{4}) = \arctan\sqrt{2} = 0.9553166181$, Taste D

(II) Für m = − 8 wird $\kappa = 3$. Es kommt $\frac{1}{2}K(-8) = 0.4214375887$, Tastenfolge 8 +/− C′ ÷ 2 = A′. Man bekommt $\mathrm{sn}\,(\frac{1}{2}K(-8)\,|\,-8) = \frac{1}{2} = 0.5$, Tastenfolge 8 +/− B′ A; $\mathrm{cn}\,(\frac{1}{2}K(-8)\,|\,-8) = \frac{1}{2}\sqrt{3} = 0.8660254038$, Taste B; $\mathrm{dn}\,(\frac{1}{2}K(-8)\,|\,-8) = \sqrt{3} = 1.732050808$, Taste C; $\mathrm{am}\,(\frac{1}{2}K(-8)\,|\,-8) = \arctan\frac{1}{\sqrt{3}} = \frac{\pi}{6} = 0.5235987756$, Taste D

• *Beispiel 2.2-15:* Nach Gl. (2.1) ist $\varphi = \mathrm{am}\,(u\,|\,m)$ die Umkehrung zu $u = F(\varphi\,|\,m)$. Aus Band 16 (Beispiel 2.1-2) ist der Wert $F(0.5999236475\,|\,0.5) = 0.6180248924$ bekannt; die Umkehrung ist $0.5999236475 = \mathrm{am}\,(0.6180248924\,|\,0.5)$. Damit teste man die am-Routine. −
Man erhält $\mathrm{am}(0.6180248924\,|\,0.5) = 0.5999236475$, Tastenfolge .6180248924 A′ .5 B′ D

• *Beispiel 2.2-16:* Nach Gl. (2.5) ist $x = \mathrm{sc}(u\,|\,m)$ die Umkehrung zu $u = F(\arctan x\,|\,m)$. Aus Band 16 (Beispiel 2.1-1) ist der Wert $F(\arctan 2\,|\,0.25) = 2 \times 0.5781608639 = 1.156321728$ bekannt; die Umkehrung ist $2 = \mathrm{sc}(1.156321728\,|\,0.25)$. Damit teste man die entsprechenden Routinen. −

Mit sc = sn/cn kommt $\mathrm{sc}(1.156321728\,|\,0.25) = 2.000000001$, Tastenfolge 1.156321728 A′ .25 B′ A ÷ B =

• *Beispiel 2.2-17: Amplitude.* (Vgl. Beispiel 1.3-15.) Im Gegensatz zu den elliptischen Funktionen sn, cn, dn ist die Amplitude $\mathrm{am}(u\,|\,m)$ keine periodische Funktion. Zur Berücksichtigung von Argumentwerten u, die nicht innerhalb 0 und 2K liegen [bzw. nicht innerhalb ± K oder ± 2K, siehe Beispiel 1.3-15], kann folgende *Reduktionsformel* dienen [Umkehrung zur Reduktionsformel aus Band 16 (Beispiel 2.1-4)]:

$$(u = 2n\,K(m) + v:)\quad \mathrm{am}(2n\,K(m) + v\,|\,m) = n\pi + \mathrm{am}(v\,|\,m)$$
$$(n = 0, \pm 1, \pm 2, \ldots;\ m < 1;\ 0 \leqslant u \leqslant 2\,K(m)\ [\text{bzw.}\ -K(m) \leqslant v \leqslant K(m)\ \text{oder}$$
$$-2\,K(m) < v < 2\,K(m),\ \text{siehe Beispiel 1.3-15}])$$

Man berechne $\mathrm{am}(u\,|\,1/2)$ für $u = 1, 3$ und -4. –

Zunächst ist $K(1/2) = 1.854074677$, Tastenfolge .5 C' STO 00

(I) Das Argument $u = 1$ liegt innerhalb 0 und $2\,K(1/2)$, somit ist hier keine Reduktion nötig. Man erhält $\mathrm{am}(1\,|\,1/2) = 0.9323150799$ (im Bogenmaß), Tastenfolge 1 A' .5 B' D

(II) Auch $u = 3$ liegt noch innerhalb 0 und $2\,K(1/2)$, daher ist die Amplitude auch hier direkt berechenbar: $\mathrm{am}(3\,|\,1/2) = 2.460002101$, Tastenfolge 3 A' .5 B' D

(IIIa) Bei $u = -4$ gilt zunächst $\mathrm{am}(-4\,|\,1/2) = -\mathrm{am}(4\,|\,1/2)$. Da $4 > 2\,K(1/2)$ ist, muß reduziert werden: für $4 = 2\,K + (4 - 2\,K)$ ist $n = 1, v = 4 - 2\,K$, Tastenfolge 4 – 2 × RCL 00 = A'; nach der Reduktionsformel kommt $\mathrm{am}(4\,|\,1/2) = \pi + \mathrm{am}(4 - 2\,K\,|\,1/2) = 3.431410754$, Tastenfolge π + .5 B' D =
Somit ist $\mathrm{am}(-4\,|\,1/2) = -\mathrm{am}(4\,|\,1/2) = -3.431410754$

(IIIb) (Alternative Berechnungsart:) Für $u = -4 = -4\,K + (4\,K - 4)$ ist $n = -2$, $v = 4\,K - 4$, Tastenfolge 4 × RCL 00 – 4 = A'; nach der Reduktionsformel kommt $\mathrm{am}(-4\,|\,1/2) = -2\pi + \mathrm{am}(4\,K - 4\,|\,1/2) = -3.431410754$, Tastenfolge 2 +/– × π + .5 B' D =

- *Beispiel 2.2-18:* Aus der Reduktionsformel von Beispiel 2.2-17 folgt für $v = K$ die Beziehung [Umkehrung zur Beziehung aus Band 16 (Beispiel 2.1-5)]:

$$\mathrm{am}(n\,K(m)\,|\,m) = n\pi/2 \qquad (n = 0, \pm 1, \pm 2, \ldots;\ m < 1)$$

Man bestimme $\mathrm{am}(0\,|\,m)$, $\mathrm{am}(K(m)\,|\,m)$ und $\mathrm{am}(2\,K(m)\,|\,m)$ [Testwert $m = 1/3$]. –
Für $m = 1/3$ wird $K(1/3) = 1.733916885$, Tastenfolge 3 1/x C' STO 00. Mit $n = 0, 1, 2$ kommt $\mathrm{am}(0\,|\,m) = 0$, Tastenfolge 0 A' 3 1/x B' D; $\mathrm{am}(K(m)\,|\,m) = \pi/2 = 1.570796327$, Tastenfolge RCL 00 A' 3 1/x B' D [vgl. Beispiel 2.2-14]; $\mathrm{am}(2\,K(m)\,|\,m) = \pi = 3.14159$, Tastenfolge 2 × RCL 00 = A' 3 1/x B' D

Bemerkung zum letzten Ergebnis: die vollständige Anzeige ist 3.141588654, was etwas kleiner ist als $\pi = 3.141592654$; der Grund dafür liegt in der Empfindlichkeit der arccos-Funktion nahe ± 1: es ist $\arccos(-1) = \pi = 3.141592654$, aber bereits $\arccos(-1 + 8 \times 10^{-12}) = 3.141588654$.

- *Beispiel 2.2-19:* Wegen des Zusammenhangs $\mathrm{sn} = \sin \mathrm{am}$, $\mathrm{cn} = \cos \mathrm{am}$, $\mathrm{dn} = (1 - m \sin^2 \mathrm{am})^{1/2}$ ergibt die Reduktionsformel aus Beispiel 2.2-17 folgende Beziehungen:

$$\mathrm{sn}(2n\,K(m) + v\,|\,m) = (-1)^n\,\mathrm{sn}(v\,|\,m) \qquad (n = 0, \pm 1, \pm 2, \ldots;\ m < 1)$$
$$\mathrm{cn}(2n\,K(m) + v\,|\,m) = (-1)^n\,\mathrm{cn}(v\,|\,m)$$
$$\mathrm{dn}(2n\,K(m) + v\,|\,m) = \mathrm{dn}(v\,|\,m)$$

Daraus ist ersichtlich, daß sn und cn bezüglich des Arguments die reelle Periode $4\,K$ haben, dagegen dn die reelle Periode $2\,K$. (Diese Periodizität wird in Programm 2.2 automatisch berücksichtigt.) Man teste damit die Routinen (Testwerte $m = 1/4$, $v = 1/3$, $n = 1$). –
Zunächst ist $K(1/4) = 1.685750355$, Tastenfolge 4 1/x C' STO 00. Die linke Seite ergibt $\mathrm{sn}(2\,K(1/4) + 1/3\,|\,1/4) = -0.3257699203$, Tastenfolge 2 × RCL 00 + 3 1/x = A' 4 1/x B' A, ferner $\mathrm{cn}(2\,K(1/4) + 1/3\,|\,1/4) = -0.9454490780$, Taste B, und $\mathrm{dn}(2\,K(1/4) + 1/3\,|\,1/4) = 0.9866450678$, Taste C.

Die rechte Seite liefert $-\text{sn}(1/3\,|\,1/4) = -0.3257699203$, Tastenfolge 3 1/x A' 4 1/x B' A +/–, dann $-\text{cn}(1/3\,|\,1/4) = -0.9454490780$, Tastenfolge B +/–, und $\text{dn}(1/3\,|\,1/4) = 0.9866450678$, Taste C

- *Beispiel 2.2-20:* Von *Legendre*[1)] wurden Werte von Amplitude φ und Modularwinkel γ angegeben, die der Gleichung $F(\varphi\,|\,\sin^2\gamma) = \frac{1}{10}K(\sin^2\gamma)$ genügen:

γ	φ	γ	φ
0°	9° 00′00.″0000	25°	9° 26′25.″5923
5	9 01 00 7800	30	9 38 50 1734
10	9 04 04 3863	35	9 54 11 1882
15	9 09 14 6941	40	10 12 54 3023
20	9 16 38 4270	45	10 35 34 3236

Man erstelle eine analoge Tabelle und erweitere sie bis $\gamma = 90°$. –
Aus $u = F(\varphi\,|\,m)$ folgt nach Gl. (2.1) oder (2.7) als Umkehrung $\varphi = \text{am}(u\,|\,m)$. Mit $u = \frac{1}{10}K(m)$ und $m = \sin^2\gamma$ erhält man den Zusammenhang $\varphi = \text{am}(\frac{1}{10}K(\sin^2\gamma)\,|\,\sin^2\gamma)$, der durch folgende Zusatzroutine berücksichtigt wird [Eingabe γ in (Alt-)Grad, Aufruf E]:

```
186  76 LBL     196  38 SIN     206  16 A'      216  08   8
187  15  E      197  33 X²      207  43 RCL     217  00   0
188  32 X:T     198  42 STO     208  00  00     218  54   )
189  09   9     199  00  00     209  17 B'      219  22 INV
190  00   0     200  53  (      210  53  (      220  88 DMS
191  67  EQ     201  18 C'      211  14  D      221  58 FIX
192  02  02     202  55  ÷      212  55  ÷      222  08  08
193  21  21     203  01   1     213  89  π      223  99 PRT
194  32 X:T     204  00   0     214  65  ×      224  92 RTN
195  60 DEG     205  54  )      215  01   1
```

Die Schritte 212–223 bewirken die Umrechnung von φ in (Alt-)Grad und die Ausgabe von φ in Grad-Minuten-Sekunden. Ergebnis:

γ	φ	γ	φ
0°	9°00′00″0000	50°	11°02′59″1823
5	9 01 00 7800	55	11 36 16 5585
10	9 04 04 3863	60	12 17 05 5728
15	9 09 14 6941	65	13 07 59 0331
20	9 16 38 4270	70	14 13 10 3275
25	9 26 25 5923	75	15 40 27 7055
30	9 38 50 1734	80	17 47 02 9000
35	9 54 11 1882	85	21 26 23 5031
40	10 12 54 3023	89	29 42 41 2759
45	10 35 34 3236	90	90 00 00 0000

1) *Legendre, A. M.* (1826): Traité des Fonctions Elliptiques, Tome II. [Table VII: Valeur de l'amplitude φ qui satisfait à l'equation $F(c, \varphi) = \frac{1}{10}F^{I}c$.] Huzard-Courcier, Paris.

- *Beispiel 2.2-21.* Aus einem bekannten Tabellenwerk[*] sind Werte der Funktion am (u|m) entnehmbar:

m	u = 0.75	u = 0.76
0.51	0.7182255148	0.7270398462
0.52	0.7176077671	0.7263990976
0.53	0.7169902256	0.7257585651

Man erstelle eine analoge Tabelle [u = .750 (.005) .760, m = .510 (.005) .530, 10D]. –
Mit der Druckroutine D2 (aus Band 3/I) in Block 2 und mit der Zusatzroutine

```
236   76 LBL
237   15   E
238   17 B'
239   14   D
```

läßt sich nach Eingabe des Arguments u (Taste A'), Eingabe des Parameters m und Aufruf der Zusatzroutine (Taste E) folgende Tabelle für am (u|m) erzeugen:

m	u = 0.750	u = 0.755	u = 0.760
0.510	0.7182255148	0.7226358429	0.7270398462
0.515	0.7179166152	0.7223212232	0.7267194449
0.520	0.7176077671	0.7220066562	0.7263990976
0.525	0.7172989705	0.7216921421	0.7260788043
0.530	0.7169902256	0.7213776807	0.7257585651

- *Beispiel 2.2-22:* (Pendelschwingungen bei endlicher Auslenkung.) Die Bewegung eines mathematischen Pendels (Bild 2.2-10), das sich nicht überschlägt, wird beschrieben durch die Gleichung

$$L \frac{d^2 \vartheta}{dt^2} + g \sin \vartheta = 0 \tag{I}$$

(L Pendellänge, ϑ Auslenkungswinkel, t Zeit, g Fallbeschleunigung.)

Wird das Pendel zur Zeit $t = 0$ aus der Stellung $\vartheta = \vartheta_0$ losgelassen, so lauten die Anfangsbedingungen

$$t = 0: \quad \vartheta = \vartheta_0, \quad d\vartheta/dt = 0$$

(Beim Fadenpendel ist $\vartheta_0 \leqslant \pi/2$ zu wählen, beim Stangenpendel ($\vartheta_0 \leqslant \pi$.) Als Lösung der nichtlinearen Bewegungsgleichung (I) ergibt sich die ungedämpfte *anharmonische* Schwingung[1])

$$\begin{aligned} \vartheta &= 2 \arcsin \left[\left(\sin \frac{\vartheta_0}{2} \right) \mathrm{sn} \left(t \sqrt{\frac{g}{L}} + K \left(\sin^2 \frac{\vartheta_0}{2} \right) \Big| \sin^2 \frac{\vartheta_0}{2} \right) \right] \\ &= 2 \arcsin \left[\left(\sin \frac{\vartheta_0}{2} \right) \mathrm{cd} \left(t \sqrt{\frac{g}{L}} \,\Big|\, \sin^2 \frac{\vartheta_0}{2} \right) \right] \\ &= 2 \arctan \left[\left(\tan \frac{\vartheta_0}{2} \right) \mathrm{cn} \left(t \sqrt{\frac{g}{L}} \,\Big|\, \sin^2 \frac{\vartheta_0}{2} \right) \right] \end{aligned} \tag{II}$$

---

*) *Fettis, H. E.*, and *J. C. Caslin* (1965): Ten Place Tables of the Jacobian Elliptic Functions, Part I. ARL 65–180. Aerospace Research Laboratories, Ohio.

1) Vgl. z. B. *Weizel, W.* (1963): Lehrbuch der Theoretischen Physik. (§ A. II.12: Das ebene mathematische Pendel.) Springer, Berlin. *Davis, H. T.* (1962): Introduction to Nonlinear Differential and Integral Equations. (Ch. 7, § 5: The problem of the pendulum.) Dover, New York.

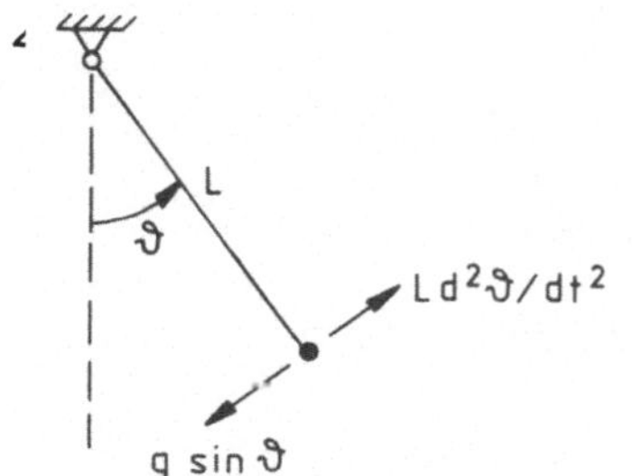

Bild 2.2-10
Mathematisches Pendel
(L Pendellänge, ϑ Auslenkung;
$L\,d^2\vartheta/dt^2$ Tangentialbeschleunigung,
$g \sin\vartheta$ Tangentialkomponente der Fallbeschleunigung)

Die Schwingungsdauer ist $\tau = 4\sqrt{\frac{L}{g}}\,K\left(\sin^2\frac{\vartheta_0}{2}\right)$; vgl. Band 16 (Beispiele 1.1-8 und 1.2-12).

[In [2] wird gesagt, daß die nichtlineare Differentialgleichung (I) *nicht* analytisch, sondern nur numerisch lösbar sei. Aber Gl. (II) *ist* die analytische Lösung!]

Man erstelle eine Tabelle der Auslenkung ϑ als Funktion von $t\sqrt{g/L}$ (dimensionslose, normierte Zeit) und ϑ_0 (anfängliche Auslenkung) für $t\sqrt{g/L} = 0\,(.5)\,6$ und $\vartheta_0 = \pi/4, \pi/2, 3\pi/4$ (8D). Ferner diskutiere man die Grenzfälle $\vartheta_0 \to 0$ und $\vartheta_0 = \pi$. –

Der anfängliche Auslenkungswinkel ϑ_0 wird (im Bogenmaß) händisch in R_{00} gespeichert, z. B. durch die Tastenfolge $\pi \div 4 =$ STO 00. Mit der Zusatzroutine

```
186  76 LBL     195  70 RAD     204  54  )      213  65  ×
187  15  E      196  38 SIN     205  53  (      214  02  2
188  16 A'      197  33 X²      206  30 TAN     215  54  )
189  53  (      198  17 B'      207  65  ×      216  58 FIX
190  43 RCL     199  53  (      208  12  B      217  08  08
191  00  00     200  43 RCL     209  54  )      218  99 PRT
192  55  ÷      201  00  00     210  53  (      219  92 RTN
193  02  2      202  55  ÷      211  22 INV
194  54  )      203  02  2      212  30 TAN
```

läßt sich nach Eingabe des Arguments $t\sqrt{g/L}$ und Aufruf der Zusatzroutine (Taste E) folgende Tabelle für den Auslenkungswinkel ϑ (im Bogenmaß) erzeugen (vgl. Bild 2.2-11):

$t\sqrt{\frac{g}{L}}$	$\vartheta_0 = \frac{\pi}{4}$ (= 45°)	$\vartheta_0 = \frac{\pi}{2}$ (= 90°)	$\vartheta_0 = \frac{3\pi}{4}$ (= 135°)
0.0	0.78539816	1.57079633	2.35619449
0.5	0.69832648	1.44586138	2.26652018
1.0	0.45346871	1.07491168	1.98299232
1.5	0.10193887	0.49046602	1.47159811
2.0	-0.27423139	-0.20563949	0.72022273
2.5	-0.58470641	-0.85360680	-0.18429496
3.0	-0.76026760	-1.32058238	-1.04680804
3.5	-0.76629391	-1.54913359	-1.70538211
4.0	-0.60167166	-1.52821050	-2.12156371
4.5	-0.29861977	-1.25830477	-2.32416615
5.0	0.07583125	-0.75507718	-2.34204591
5.5	0.43194080	-0.08794132	-2.17817705
6.0	0.68616987	0.59987968	-1.80786701

[2] *Eisberg, R. M.* (1976): Applied Mathematical Physics with Programmable Pocket Calculators. (§ 4.3.) McGraw-Hill, New York. – Deutsche Übersetzung: Mathematische Physik für die Benutzer programmierbarer Taschenrechner. (§ 4.3: Pendel bei großen Ausschlägen.) Oldenbourg, München/Wien, 1978.

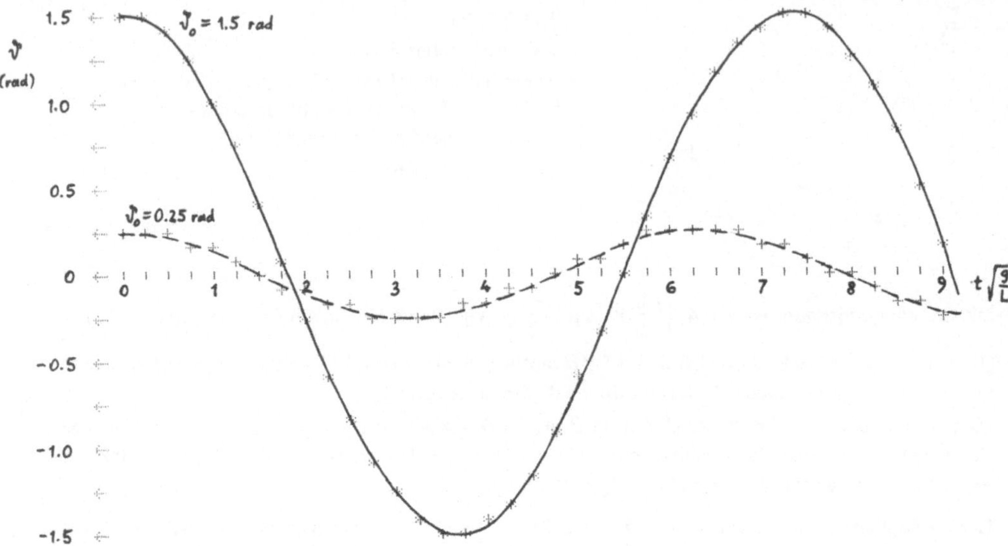

Bild 2.2-11 Pendelschwingungen.
Anfangs-Auslenkung $\vartheta_0 = 0.25$ rad (= 14°) und 1.5 rad (= 86°).
[Diese Abbildung ist unmittelbar mit der (numerisch gewonnenen) Darstellung aus [2)] (Bild 4.5) vergleichbar.]

Für die Viertelperiode (ein Viertel der Schwingungsdauer) gilt $\frac{T}{4}\sqrt{\frac{g}{L}} = K\left(\sin^2\frac{\vartheta_0}{2}\right)$; das ergibt für die Fälle der Tabelle folgende Werte:

ϑ_0	$\frac{\pi}{4}$ (= 45°)	$\frac{\pi}{2}$ (= 90°)	$\frac{3\pi}{4}$ (= 135°)
$\frac{T}{4}\sqrt{\frac{g}{L}}$	1.633586307	1.854074677	2.400094459

Tastenfolge im letzten Fall: 3 X π ÷ 8 = Rad sin x^2 C'

Für die Fälle von Bild 2.2-11 erhält man

ϑ_0	0.25 rad (= 14°)	1.5 rad (= 86°)
$\frac{T}{4}\sqrt{\frac{g}{L}}$	1.576954311	1.825216235

Tastenfolge im letzten Fall: .75 Rad sin x^2 C'

Diskussion der Grenzfälle $\vartheta_0 \to 0$ und $\vartheta_0 \to \pi$:

(1) Für sehr kleine Auslenkungen ($\vartheta_0 \to 0$, daher auch $\vartheta \to 0$) kommt

$$\tan\frac{\vartheta_0}{2} \to \frac{\vartheta_0}{2},\quad \tan\frac{\vartheta}{2} \to \frac{\vartheta}{2},\quad \mathrm{cn}\left(t\sqrt{\frac{g}{L}}\,\middle|\,\sin^2\frac{\vartheta_0}{2}\right) \to \mathrm{cn}\left(t\sqrt{\frac{g}{L}}\,\middle|\,0\right) = \cos\left(t\sqrt{\frac{g}{L}}\right),$$

$$K\left(\sin^2\frac{\vartheta_0}{2}\right) \to K(0) = \frac{\pi}{2}$$

und man erhält näherungsweise die ungedämpfte *harmonische* Schwingung

$$\vartheta \approx \vartheta_0 \cos\ t\sqrt{\frac{g}{L}} \qquad \text{mit der Schwingungsdauer } \tau \approx 2\pi\sqrt{\frac{L}{g}}.$$

(2) Für maximale Auslenkung der Pendelstange ($\vartheta_0 = \pi$) bleibt das Pendel „auf dem Kopf" stehen ($\vartheta = \pi = \vartheta_0$) mit der „Schwingungsdauer" $\tau = 4\sqrt{\frac{L}{g}}\,K(1) = \infty$.

- *Beispiel 2.2-23:* (Pendelschwingungen bei endlicher Auslenkung.) In [1] wird der zeitliche Verlauf der Bewegung eines Pendels (Länge L = 2 m, Anfangs-Auslenkung $\vartheta_0 = 60°$) im Schwerefeld der Erde (Fallbeschleunigung $g = 9.81\ \mathrm{m\,s^{-2}}$) durch numerische Integration von Gl. (I) aus Beispiel 2.2-22 nach dem Euler-Cauchy-Verfahren ermittelt. Man findet dort folgende Werte [Zeit t in Sekunden, Auslenkungswinkel ϑ in (Alt-)Grad]:

t	ϑ	t	ϑ
0.0	60.00000000	2.0	−33.17628847
0.2	54.93376760	2.2	−9.905013345
0.4	40.77579918	2.4	15.24072324
0.6	19.42538461	2.6	37.51922323
0.8	−5.556180858	2.8	53.10187358
1.0	−29.48316851	3.0	59.81232444
1.2	−48.01852757	3.2	56.88844895
1.4	−58.33340312	3.4	44.64796162
1.6	−59.17181503	3.6	24.65163103
1.8	−50.44354869		

Man überprüfe die Genauigkeit dieser Werte. –
Nach Gl. (II) aus Beispiel 2.2-22 ist die analytische Lösung hier

$$\vartheta = 2\arctan\left[\frac{1}{\sqrt{3}}\,\mathrm{cn}\left(t\sqrt{\frac{9.81}{2}}\,\middle|\,\frac{1}{4}\right)\right] \qquad \text{(mit t in Sekunden).}$$

Die Viertelperiode dieser Schwingung ist $\frac{\tau}{4} = \sqrt{\frac{2}{9.81}}\,K(\frac{1}{4}) = 0.7611561380$ (in Sekunden),
Tastenfolge 2 ÷ 9.81 = $\sqrt{x}$ × 4 1/x C' =
Mit der Zusatzroutine

```
76 LBL
15 E
53 (
40 IND
65 ×
04 4
93 .
09 9
00 0
05 5
34 √X
54 )
16 A'
04 4
35 1/X
17 B'
53 (
12 B
55 ÷
03 3
34 √X
54 )
53 (
60 DEG
22 INV
30 TAN
65 ×
02 2
54 )
58 FIX
08 08
99 PRT
92 RTN
```

[1] *Nahrstedt, H.* (1980): Statik – Kinematik – Kinetik für AOS-Rechner. [§ 4.1.2: Das mathematische Pendel als erzwungene Bewegung; § 4.1.5: Anwendungsbeispiele (Nr. –4–).] Vieweg, Braunschweig/Wiesbaden.

läßt sich nach Eingabe des Arguments t (in Sekunden) und Aufruf der Zusatzroutine (Taste E) folgende Tabelle für den Auslenkungswinkel ϑ [in (Alt-)Grad] erzeugen (vgl. Bild 2.2-12):

t	ϑ	t	ϑ
0.0	60.00000000	2.0	-33.69544590
0.2	55.17312896	2.2	-10.53154675
0.4	41.22671609	2.4	14.62411957
0.6	20.02104010	2.6	37.02650861
0.8	-4.92298953	2.8	52.81023780
1.0	-28.93241863	3.0	59.75776717
1.2	-47.64360408	3.2	57.07688817
1.4	-58.18507136	3.4	45.05847456
1.6	-59.26645132	3.6	25.22664220
1.8	-50.77129417		

Man erkennt, daß die Werte von [1] auf ganze Grade zu runden sind; die Dezimalstellen sind dort ohne Bedeutung.

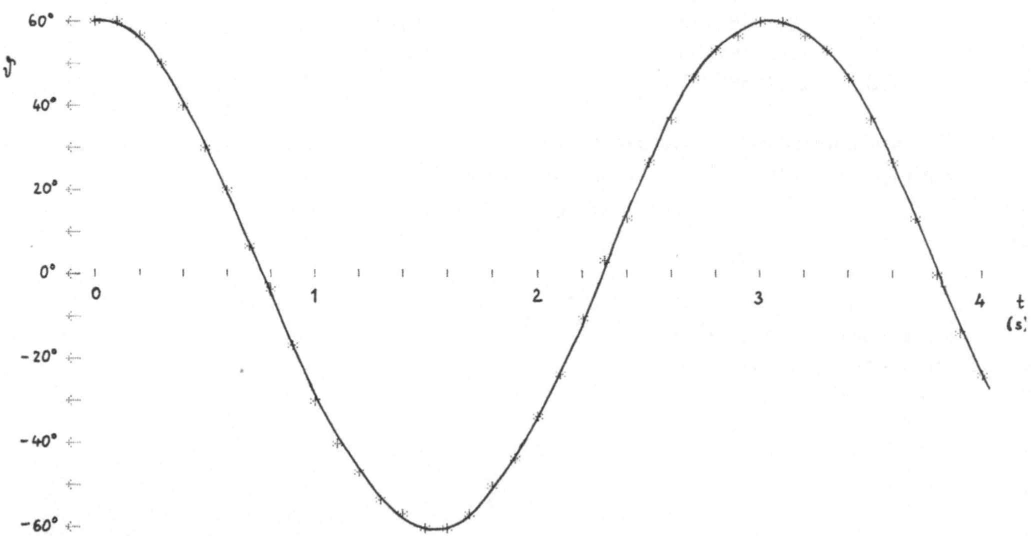

Bild 2.2-12 Pendelschwingungen.
Pendellänge L = 2 m, Anfangs-Auslenkung $\vartheta_0 = 60°$
[Diese Abbildung ist unmittelbar mit der (numerisch gewonnenen) Darstellung aus [1] (Bild 4.17) vergleichbar.]

• *Beispiel 2.2-24:* (Pendelschwingungen bei endlicher Auslenkung.) Wählt man beim mathematischen Pendel aus Beispiel 2.2-22 als Nullpunkt der Zeitzählung (t = 0) jenen Moment, in dem das Pendel durch seine tiefste Lage geht ($\vartheta = 0$), so wird die Zeitabhängigkeit des Auslenkungswinkels ϑ beschrieben durch

$$\vartheta = 2 \operatorname{arc\,tan}\left[\left(\tan\frac{\vartheta_0}{2}\right)\operatorname{cn}\left(t\sqrt{\frac{g}{L}} + 3\,K\left(\sin^2\frac{\vartheta_0}{2}\right)\middle|\sin^2\frac{\vartheta_0}{2}\right)\right]$$

$$= 2 \operatorname{arc\,tan}\left[\left(\tan\frac{\vartheta_0}{2}\right)\operatorname{cn}\left(t\sqrt{\frac{g}{L}} - K\left(\sin^2\frac{\vartheta_0}{2}\right)\middle|\sin^2\frac{\vartheta_0}{2}\right)\right]$$

$$= 2 \operatorname{arc\,tan}\left[\left(\sin\frac{\vartheta_0}{2}\right)\operatorname{sd}\left(t\sqrt{\frac{g}{L}}\middle|\sin^2\frac{\vartheta_0}{2}\right)\right]$$

$$= 2 \operatorname{arc\,sin}\left[\left(\sin\frac{\vartheta_0}{2}\right)\operatorname{sn}\left(t\sqrt{\frac{g}{L}}\middle|\sin^2\frac{\vartheta_0}{2}\right)\right]$$

mit Maximal-Auslenkung ϑ_0 und Schwingungsdauer $\tau = 4\sqrt{\frac{L}{g}}\,K(\sin^2\frac{\vartheta_0}{2})$.

In [1] wird der zeitliche Verlauf der Bewegung eines Pendels [Länge L = 19.62 m und g = 9.81 m s^{-2} (so daß $g/L = \frac{1}{2}\,s^{-2}$), Maximal-Auslenkung $\vartheta_0 = 44°$] durch numerische Integration einer [aus Gl. (I) von Beispiel 2.2-22 gewinnbaren] Energiegleichung nach einem Runge-Kutta-Verfahren ermittelt. Man findet dort folgende Werte [Zeit t in Sekunden, Auslenkungswinkel ϑ in Radiant]:

t	ϑ
0.0	0.000000000
0.5	0.259422134
1.0	0.487260681
1.5	0.657309365
2.2	0.766128187
2.3	0.767986555

Man überprüfe die Genauigkeit dieser Werte. –

Nach obiger Formel ist die analytische Lösung hier

$$\vartheta = 2 \operatorname{arc\,sin}[(\sin 22°)\operatorname{sn}(t/\sqrt{2}\,|\sin^2 22°)] \qquad \text{(mit t in Sekunden).}$$

Die Periode dieser Schwingung ist $\tau = 4\sqrt{2}\,K(\sin^2 22°) = 9.224796848$ (in Sekunden), Tastenfolge 4 × 2 $\sqrt{x}$ × 22 Deg sin x^2 C' =

Mit der Zusatzroutine

```
186  76 LBL      195  02  2       204  11  A       213  02  2
187  15  E       196  02  2       205  65  ×       214  54  )
188  53  (       197  60 DEG      206  43 RCL      215  58 FIX
189  40 IND      198  38 SIN      207  00  00      216  08  08
190  55  ÷       199  42 STO      208  54  )       217  99 PRT
191  02  2       200  00  00      209  53  (       218  92 RTN
192  34 √X       201  33 X²       210  22 INV
193  54  )       202  17 B'       211  38 SIN
194  16 A'       203  53  (       212  65  ×
```

[1] *Ball, J. A.* (1978): Algorithms for RPN Calculators. (Exercise 5.7.12.) Wiley, New York.

läßt sich nach Eingabe des Arguments t (in Sekunden) und Aufruf der Zusatzroutine (Taste E) folgende Tabelle für den Auslenkungswinkel ϑ erzeugen (vgl. Bild 2.2-13):

t (s)	ϑ (rad)	ϑ (°)	$\tilde{\vartheta}$ (°)
0.0	0.00000000	0.000000	0.000000
0.5	0.25942148	14.863756	15.234278
1.0	0.48725725	27.917784	28.584025
1.5	0.65729791	37.660396	38.397833
2.2	0.76598690	43.887816	43.994943
2.3	0.76793820	43.999618	43.932132
2.306199212 = $\tau/4$	0.76794487	44.000000	43.921001

Die erste Kolonne ϑ (rad) erhält man unmittelbar. Die mittlere Kolonne ϑ (°) bekommt man durch Abänderung der Zusatzroutine ab Schritt 210:

```
210  60 DEG        215  54  )
211  22 INV        216  58 FIX
212  38 SIN        217  06  06
213  65  ×         218  99 PRT
214  02  2         219  92 RTN
```

Die letzte Kolonne $\tilde{\vartheta}$ (°) gibt als Vergleich Werte der (nur für $\vartheta_0 \to 0$ günstigen) harmonischen Approximation $\tilde{\vartheta} = \vartheta_0 \sin(t/\sqrt{2})$ (mit $\vartheta_0 = 44°$); die zugehörige approximative Schwingungsdauer ist $\tilde{\tau} = 4\sqrt{L/g}\,K(0) = 2\pi\sqrt{L/g} = 2\pi\sqrt{2} = 8.885765876$ (in Sekunden).

Man erkennt, daß die Werte von [1] zunächst auf 6 Dezimalstellen genau sind, in der Nähe der Maximal-Auslenkung ϑ_0 aber nur auf 3–4 Dezimalstellen. [Auf die Schwierigkeiten der *numerischen* Integration nahe ϑ_0 wird in [1] explizit hingewiesen. Die obige *analytische* Lösung bereitet nirgends Schwierigkeiten.]

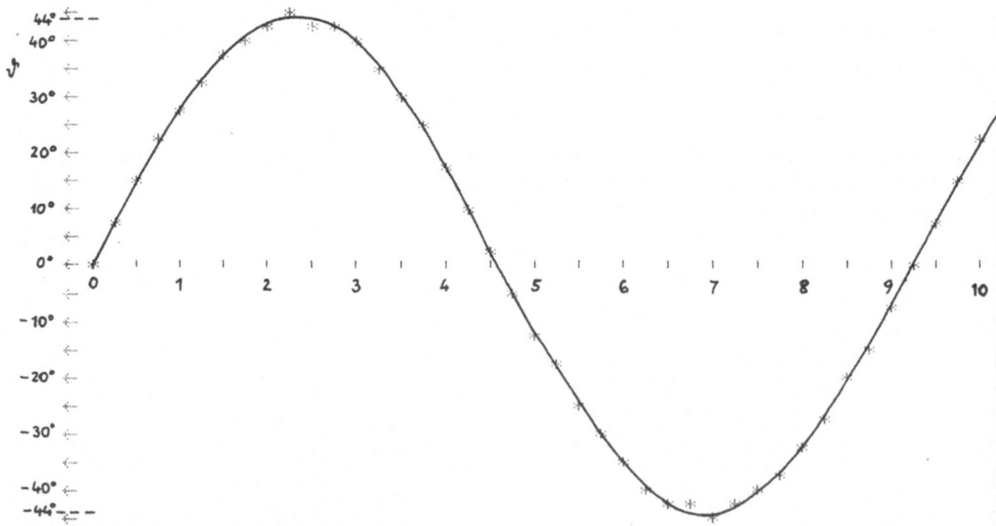

Bild 2.2-13 Pendelschwingungen.
Pendellänge L = 19.62 m, Maximal-Auslenkung $\vartheta_0 = 44°$.

Anhang

α. Referenzwerte

Die nachstehenden Referenzwerte wurden (soweit möglich) aus Tabellen sehr hoher Genauigkeit aus der Literatur entnommen. Wo keine Literaturwerte zur Verfügung standen, wurden Referenzwerte mit hier mitgeteilten Programmen erzeugt. Die Referenzwerte wurden in den Datenregistern R_{60}—R_{79} abgespeichert und mit Programm E4 (aus Band 3/I) 13-stellig aufgelistet. Sie dienten zur Gewinnung der Fehlerkurven in Anhang β.

Tabelle α-1 Referenzwerte m {q} [m = k^2 mit k {q} nach [1)]]
q = 0(.025).475, 12–13S

```
           0     R60
3.29903482       R61
     4.616       -01
5.51870345       R62
     4.666       -01
7.01518047       R63
     4.139       -01
8.02403298       R64
     2.169       -01
8.70265016       R65
     4.989       -01
9.15709840       R66
     0.003       -01
9.45935646       R67
     0.221       -01
9.65852193       R68
     5.946       -01
9.78818794       R69
     7.001       -01
9.87135606       R70
     9.118       -01
9.92374515       R71
     2.320       -01
9.95604368       R72
     3.603       -01
9.97545844       R73
     4.272       -01
9.98678896       R74
     6.735       -01
9.99317851       R75
     1.614       -01
9.99664147       R76
     2.704       -01
9.99843413       R77
     2.443       -01
9.99931419       R78
     8.399       -01
9.99972052       R79
     2.395       -01
```

[1)] *Fettis, H. E.,* and *J. C. Caslin* (1969): A 20-D Table of Jacobi's Nome and Its Inverse. (Table 3.) ARL 69-0050. Aerospace Research Laboratories, Ohio.

Tabelle α-2 Referenzwerte sn [1, w], berechnet über theta-Funktionen von Neville (Programm 1.2)
$sn[1, w] = \vartheta_s[1, w]/\vartheta_n[1, w]$, w = 0(.5)8.5, 11–12S

```
7.61594155      R60
     9.561      -01
7.64104047      R61
     5.887      -01
8.03001824      R62
     8.930      -01
8.31486198      R63
     7.047      -01
8.39296592      R64
     2.574      -01
8.41014596      R65
     1.029      -01
8.41375920      R66
     8.257      -01
8.41451214      R67
     7.267      -01
8.41466874      R68
     6.571      -01
8.41470130      R69
     3.773      -01
8.41470807      R70
     1.873      -01
8.41470947      R71
     8.855      -01
8.41470977      R72
     1.336      -01
8.41470983      R73
     2.143      -01
8.41470984      R74
     4.766      -01
8.41470984      R75
     7.393      -01
8.41470984      R76
     7.925      -01
8.41470984      R77
     8.026      -01
```

Tabelle α-3 Referenzwerte sn (1 | m), berechnet über theta-Funktionen von Neville (Programm 1.3)
$sn(1|m) = \vartheta_s(1|m)/\vartheta_n(1|m)$, m = 0(.05).95, 11–12S

```
8.41470984      R60
     8.083      -01
8.37770705      R61
     4.790      -01
8.34036546      R62
     1.880      -01
8.30268983      R63
     2.527      -01
8.26468498      R64
     2.951      -01
8.22635578      R65
     1.301      -01
8.18770714      R66
     5.312      -01
8.14874404      R67
     0.695      -01
8.10947147      R68
     9.046      -01
8.06989451      R69
     5.926      -01
8.03001824      R70
     9.180      -01
7.98984781      R71
     6.199      -01
7.94938839      R72
     3.337      -01
7.90864519      R73
     3.082      -01
7.86762346      R74
     1.796      -01
7.82632847      R75
     8.359      -01
7.78476555      R76
     2.245      -01
7.74294002      R77
     1.U94      -01
7.70085724      R78
     9.082      -01
7.65852262      R79
     4.844      -01
```

β. Fehlerkurven zu Funktionsroutinen

Die nachstehenden Fehlerkurven wurden mit Programm e1 und e2 (aus Band 3/II) erzeugt.[1)]

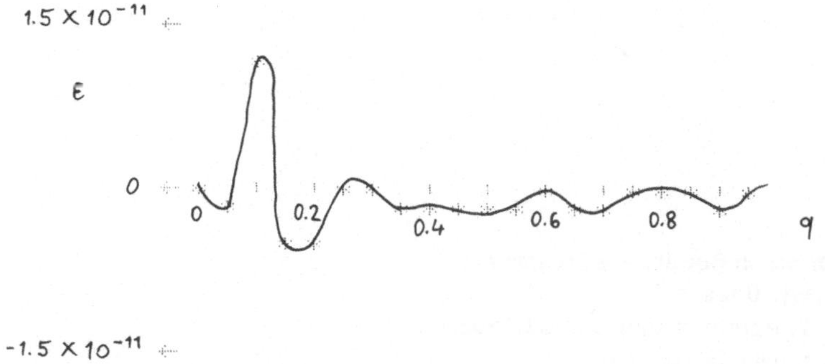

1.5×10^{-11}

ε

0 — 0, 0.2, 0.4, 0.6, 0.8 — q

-1.5×10^{-11}

Bild β-1 Absoluter Fehler der m-Routine aus Programm 1.1
$\epsilon\{q\} = m\{q\} - \widetilde{m}[w\{q\}],\ 0 \leqslant q < 1$
[Referenz m nach Tab. α-1, Approximation $\widetilde{m}$ nach Programm 1.1]

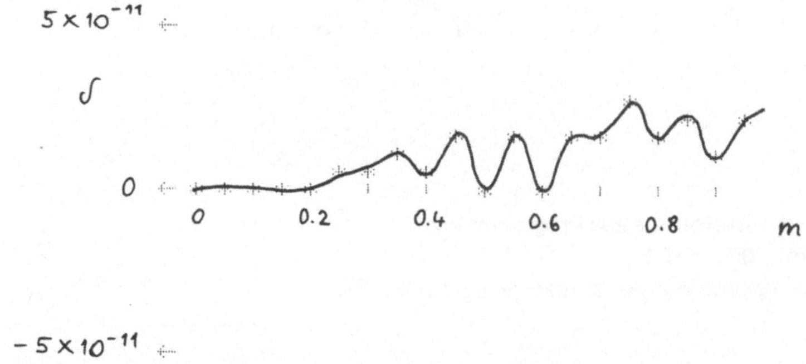

5×10^{-11}

δ

0 — 0, 0.2, 0.4, 0.6, 0.8 — m

-5×10^{-11}

Bild β-2 (Modifizierter) relativer Fehler der K-Routine aus Programm 1.1
$\delta(m) = \{K(m) - \widetilde{K}[w(m)]\} / \widetilde{K}[w(m)],\ 0 \leqslant m < 1$
[Referenz K nach Band 16 (Tab. α-1), Approximation $\widetilde{K}$ nach Programm 1.1]

1) Vgl. dazu *C. T. Fike* (1968): Computer Evaluation of Mathematical Functions. (Sec. 1.6: Investigating the accuracy of computed results.) Prentice-Hall, Englewood Cliffs.

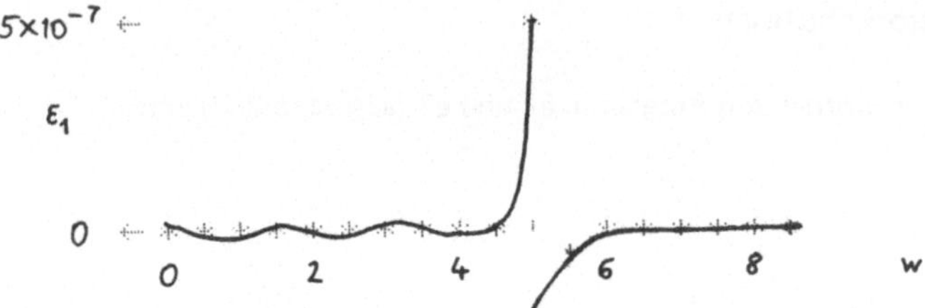

Bild β-3 Absoluter Fehler der sn-Routine aus Programm 2.1
$\epsilon_1[w] = \mathrm{sn}[1, w] - \widetilde{\mathrm{sn}}[1, w], \quad 0 \leqslant w < 9$
[Referenz sn nach Tab. α-2, Approximation $\widetilde{\mathrm{sn}}$ nach Programm 2.1]
(w = 5: Umschaltung auf andere Teilroutine)

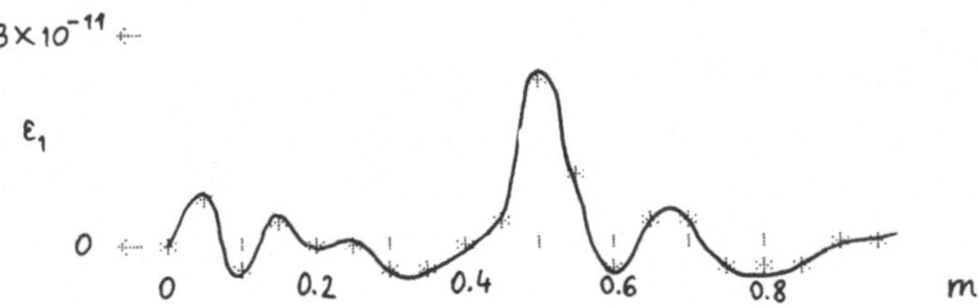

Bild β-4 Absoluter Fehler der sn-Routine aus Programm 2.2
$\epsilon_1(m) = \mathrm{sn}(1|m) - \widetilde{\mathrm{sn}}(1|m), \quad 0 \leqslant m < 1$
[Referenz sn nach Tab. α-3, Approximation $\widetilde{\mathrm{sn}}$ nach Programm 2.2]

γ. Laplace-Transformation von Theta-Funktionen

(I) Theta-Funktionen $(-1/2 \leqslant x \leqslant 1/2, \; s > 0)$:

$$\int_0^\infty \Theta_1[x, w] \exp(-sw)\, dw = \sqrt{\frac{\pi}{s}}\, \frac{\sinh(2x\sqrt{\pi s})}{\cosh(\sqrt{\pi s})}$$

$$\int_0^\infty \Theta_2[x, w] \exp(-sw)\, dw = \sqrt{\frac{\pi}{s}}\, \frac{\sinh[(1-2x)\sqrt{\pi s}]}{\cosh(\sqrt{\pi s})}$$

$$\int_0^\infty \Theta_3[x, w] \exp(-sw)\, dw = \sqrt{\frac{\pi}{s}}\, \frac{\cosh[(1-2x)\sqrt{\pi s}]}{\sinh(\sqrt{\pi s})}$$

$$\int_0^\infty \Theta_4[x, w] \exp(-sw)\, dw = \sqrt{\frac{\pi}{s}}\, \frac{\cosh(2x\sqrt{\pi s})}{\sinh(\sqrt{\pi s})}$$

Theta-Null-Funktionen $(s > 0)$:

$$\int_0^\infty \Theta_{02}[w] \exp(-sw)\, dw = \sqrt{\frac{\pi}{s}} \tanh(\sqrt{\pi s})$$

$$\int_0^\infty \Theta_{03}[w] \exp(-sw)\, dw = \sqrt{\frac{\pi}{s}} \coth(\sqrt{\pi s})$$

$$\int_0^\infty \Theta_{04}[w] \exp(-sw)\, dw = \sqrt{\frac{\pi}{s}}\, \frac{1}{\sinh(\sqrt{\pi s})}$$

(II) Äquivalente Version. Theta-Funktionen $(-1 \leqslant x \leqslant 1,\ s > 0)$:

$$\int_0^\infty \Theta_1\left[\tfrac{x}{2}, \pi t\right] \exp(-st)\, dt = \frac{1}{\sqrt{s}}\, \frac{\sinh(x\sqrt{s})}{\cosh(\sqrt{s})}$$

$$\int_0^\infty \Theta_2\left[\tfrac{x}{2}, \pi t\right] \exp(-st)\, dt = \frac{1}{\sqrt{s}}\, \frac{\sinh[(1-x)\sqrt{s}]}{\cosh(\sqrt{s})}$$

$$\int_0^\infty \Theta_3\left[\tfrac{x}{2}, \pi t\right] \exp(-st)\, dt = \frac{1}{\sqrt{s}}\, \frac{\cosh[(1-x)\sqrt{s}]}{\sinh(\sqrt{s})}$$

$$\int_0^\infty \Theta_4\left[\tfrac{x}{2}, \pi t\right] \exp(-st)\, dt = \frac{1}{\sqrt{s}}\, \frac{\cosh(x\sqrt{s})}{\sinh(\sqrt{s})}$$

Theta-Null-Funktionen $(s > 0)$:

$$\int_0^\infty \Theta_{02}[\pi t] \exp(-st)\, dt = \frac{1}{\sqrt{s}} \tanh(\sqrt{s})$$

$$\int_0^\infty \Theta_{03}[\pi t] \exp(-st)\, dt = \frac{1}{\sqrt{s}} \coth(\sqrt{s})$$

$$\int_0^\infty \Theta_{04}[\pi t] \exp(-st)\, dt = \frac{1}{\sqrt{s}}\, \frac{1}{\sinh(\sqrt{s})}$$

(III) Folgerungen. Theta-Funktionen ($-1/2 \leqslant x \leqslant 1/2$):

$$\int_0^\infty \Theta_1[x,w]\,dw = 2\pi x$$

$$\int_0^\infty \Theta_2[x,w]\,dw = (1-2x)\,\pi$$

$$\int_0^\infty (\Theta_3[x,w]-1)\,dw = (\tfrac{1}{3} - 2x + 2x^2)\,\pi$$

$$\int_0^\infty (1-\Theta_4[x,w])\,dw = (\tfrac{1}{6} - 2x^2)\,\pi$$

Theta-Null-Funktionen:

$$\int_0^\infty \Theta_{02}[w]\,dw = \pi$$

$$\int_0^\infty (\Theta_{03}[w]-1)\,dw = \frac{\pi}{3}$$

$$\int_0^\infty (1-\Theta_{04}[w])\,dw = \frac{\pi}{6}$$

δ. Endliche Fourier-Transformation von Theta-Funktionen

[Folgerung aus Gl. (1.3) und (1.4):]

$$\int_0^1 \Theta_3[x,w]\cos(2n\pi x)\,dx = \exp(-n^2\pi w) \qquad (w \geqslant 0;\ n = 0, 1, 2, \ldots)$$

$$\int_0^1 \Theta_4[x,w]\cos(2n\pi x)\,dx = (-1)^n \exp(-n^2\pi w)$$

Spezialfälle:

$$\int_0^1 \Theta_3[x,w]\,dx = 1, \quad \int_0^1 \Theta_4[x,w]\,dx = 1 \qquad \text{(unabhängig von } w\text{)}$$

$$\int_0^1 \Theta_3[x,w]\cos(2\pi x)\,dx = \exp(-\pi w), \quad \int_0^1 \Theta_4[x,w]\cos(2\pi x)\,dx = -\exp(-\pi w)$$

Äquivalente Version: [Folgerung aus Gl. (1.18) und (1.19):]

$$\int_0^1 \Theta_3\{x,q\}\cos(2n\pi x)\,dx = q^{n^2} \qquad (0 \leqslant q \leqslant 1;\ n = 0, 1, 2, \ldots)$$

$$\int_0^1 \Theta_4\{x,q\}\cos(2n\pi x)\,dx = (-1)^n q^{n^2}$$

Spezialfälle:

$$\int_0^1 \Theta_3\{x, q\}\, dx = 1, \quad \int_0^1 \Theta_4\{x, q\}\, dx = 1 \qquad \text{(unabhängig von q)}$$

$$\int_0^1 \Theta_3\{x, q\} \cos(2\pi x)\, dx = q, \quad \int_0^1 \Theta_4\{x, q\} \cos(2\pi x)\, dx = -q$$

Namenverzeichnis

Sachwortverzeichnis

Symbolverzeichnis

(I) Lateinische Buchstaben

am [u, w]	Amplitude mit Parameter w 73, 76
am (u | m)	Amplitude mit Parameter m 73, 74, 103
am {u, q}	Amplitude mit Parameter q 73, 77
B (x)	B-Funktion 41, 42
F (φ | m)	unvollständiges elliptisches Integral erster Gattung 74, 90, 103, 104 (vgl. Band 16)
K [w]	vollständiges elliptisches Integral erster Gattung mit Parameter w 15, 39
K (m)	vollständiges elliptisches Integral erster Gattung mit Parameter m 18 (vgl. Band 16)
K {q}	vollständiges elliptisches Integral erster Gattung mit Parameter q 18, 49
$k = \sin\gamma$	Modul 39 (vgl. Band 16)
$m = k^2$	Milne-Parameter 15 (vgl. Band 16)
$q = \exp(-w)$	Jacobi-Parameter 17, 39 (vgl. Band 16)
sn, cn, dn [u, w]	elliptische Funktionen von Jacobi mit Parameter w 76
sn, cn, dn (u | m)	elliptische Funktionen von Jacobi mit Parameter m 74
sn, cn, dn {u, q}	elliptische Funktionen von Jacobi mit Parameter q 77
sc, sd, cd, cs, ds, dc	weitere elliptische Funktionen von Jacobi 75
$w = K(1-m)/K(m)$	Enneper-Parameter 15 (vgl. Band 16)
$\sim$	asymptotisch gleich
$\approx$	näherungsweise gleich

(II) Griechische Buchstaben

γ	Modularwinkel 39 (vgl. Band 16)
$\Delta = \epsilon/f = (f - \tilde{f})/f$	relativer Fehler einer Näherung $\tilde{f}$ gegenüber dem exakten Wert f [Vorzeichen von Δ wie üblich so, daß $f = \tilde{f} + f\Delta$]
$\delta = \epsilon/\tilde{f} = (f - \tilde{f})/\tilde{f}$	modifizierter relativer Fehler einer Näherung $\tilde{f}$ gegenüber dem exakten Wert f [Vorzeichen von δ wie üblich so, daß $f = (1 + \delta)\,\tilde{f}$] 18, 115 *Bemerkung:* Da i. a. $\lvert\delta\rvert \ll 1$ und $\lvert\Delta\rvert \ll 1$, ist der Unterschied zwischen Δ und δ meist vernachlässigbar: $\Delta = 1 - (1 + \delta)^{-1} = \delta - \delta^2 + \delta^3 - \ldots \approx \delta,$ $\delta = (1 - \Delta)^{-1} - 1 = \Delta + \Delta^2 + \Delta^3 + \ldots \approx \Delta.$
$\epsilon = f - \tilde{f}$	(absoluter) Fehler einer Näherung $\tilde{f}$ gegenüber dem exakten Wert f [Vorzeichen von ϵ wie üblich so, daß $f = \tilde{f} + \epsilon$] 10, 12, 18, 49, 58, 79, 91, 115, 116
$\Theta_r\,[x, w]$ $(r = 1, 2, 3, 4)$	Theta-Funktionen von Jacobi mit Parameter w 4, 10
$\Theta_r\,(x \mid m)$	Theta-Funktionen von Jacobi mit Parameter m 7, 17
$\Theta_r\,\{x, q\}$	Theta-Funktionen von Jacobi mit Parameter q 7, 18
Θ_{0r} $(r = 2, 3, 4)$	Theta-Null-Funktionen 6, 7, 8
$\vartheta_p\,[u, w]$ $(p = s, c, d, n)$	theta-Funktionen von Neville mit Parameter w 8, 49
$\vartheta_p\,(u \mid m)$	theta-Funktionen von Neville mit Parameter m 8
$\vartheta_p\,\{u, q\}$	theta-Funktionen von Neville mit Parameter q 8, 49
$\pi = 3.14159\ldots$	Verhältnis Kreisumfang/Durchmesser
φ	Amplitude 57, 71, 73, 103 (vgl. Band 16)

Verzeichnis der behandelten Funktionen

(geordnet nach F.M.R.-Nummern)

Zur Kennzeichnung und Katalogisierung von speziellen Funktionen dienen häufig Nummern aus dem F.M.R.-Index:

Fletcher, A., J.C.P. Miller, L. Rosenhead and *L.J. Comrie* (1962): An Index of Mathematical Tables. (Part I: Index according to functions.) Blackwell, Oxford.

Die Funktionen des vorliegenden Bandes lassen sich in Abschnitt 21 des F.M.R.-Index einordnen (Section 21: Elliptic Integrals, Elliptic Functions, Theta Functions).

- *Anwendungsbeispiel.* Gegeben: Modularwinkel $\gamma = 35°$. Gesucht: zugehöriger Wert des vollständigen elliptischen Integrals K. –

Aus dem nachstehenden Verzeichnis (erste Zeile) ist ersichtlich, daß der Zusammenhang $K\langle\gamma\rangle$ durch die F.M.R.-Nummer 21.21 gekennzeichnet ist und von Programm 2.2 geliefert wird. Als zweckmäßige Berechnung ist $K(\sin^2\gamma)$ angegeben, d.h. zunächst wird $\sin^2\gamma$ gebildet (Winkelmodus Deg) und dann K berechnet. Ergebnis: $K\langle 35°\rangle = K(\sin^2 35°) = 1.731245176$,
Tastenfolge 35 Deg sin x^2 C′

F.M.R.	Funktion	Programm	Zweckmäßige Berechnung	Beispiel
21.21	$K\langle\gamma\rangle$	2.2	$K(\sin^2\gamma)$	s.o.
21.23	$K(m)$	2.2	direkt	
21.24	$w(m)$	1.1, 2.2	direkt	
21.25	$K\vert k\vert$	2.2	$K(k^2)$	
21.28	$K[w]$	1.1	direkt	1.1-30
21.51	$\mathrm{am}(u\vert m)$	(a) 1.3	$\arccos \dfrac{\vartheta_c(u\vert m)}{\vartheta_n(u\vert m)}$	1.3-15
		(b) 2.2	direkt	2.2-1, 2.2-21
	$\mathrm{am}\langle u,\gamma\rangle$	2.2	$\mathrm{am}(u\vert\sin^2\gamma)$	
	$\mathrm{am}[u,w]$	(a) 1.2	$\arccos \dfrac{\vartheta_c[u,w]}{\vartheta_n[u,w]}$	1.2-6
		(b) 2.1	direkt	2.1-1
	$\mathrm{am}\{u,q\}$	(a) 1.2	$\arccos \dfrac{\vartheta_c\{u,q\}}{\vartheta_n\{u,q\}}$	
		(b) 2.1		

F.M.R.	Funktion	Programm	Zweckmäßige Berechnung	Beispiel
21.52	sn, cn, dn $(u \mid m)$	(a) 1.3	$\dfrac{\vartheta_{s,c,d}(u \mid m)}{\vartheta_n (u \mid m)}$	1.3-14
		(b) 2.2	direkt	2.2-1 etc.
	sn, cn, dn $\langle u, \gamma \rangle$	2.2	sn, cn, dn $(u \mid \sin^2 \gamma)$	
	sn, cn, dn $[u, w]$	(a) 1.2	$\dfrac{\vartheta_{s,c,d}[u, w]}{\vartheta_n [u, w]}$	1.2-5
		(b) 2.1	direkt	2.1-1 etc.
	sn, cn, dn $\{u, q\}$	(a) 1.2	$\dfrac{\vartheta_{s,c,d}\{u, q\}}{\vartheta_n \{u, q\}}$	
		(b) 2.1	direkt	
21.53	sn, cn, dn $(u + iv \mid m)$		in 3 Schritten	2.2-10
21.71	$q \langle \gamma \rangle$	2.2	$q (\sin^2 \gamma)$	
21.72	$q (m)$	2.2	direkt	
21.74	$q [w]$	händisch	$\exp(-\pi w)$	1.1-30
	$m [w]$	1.1	direkt	1.1-22 etc.
	$m \{q\}$	1.1	direkt	1.1-27, 1.1-29
	$w \{q\}$	1.1	direkt	
21.75	$\Theta_{02}, \Theta_{03}, \Theta_{04} (m)$	1.1	$\Theta_{2,3,4} (0 \mid m)$	1.1-8 etc.
	$\Theta_{02}, \Theta_{03}, \Theta_{04} \langle \gamma \rangle$	1.1	$\Theta_{2,3,4} (0 \mid \sin^2 \gamma)$	
	$\Theta_{02}, \Theta_{03}, \Theta_{04} \{q\}$	1.1	$\Theta_{2,3,4} \{0, q\}$	
21.78	$\Theta_{02}, \Theta_{03}, \Theta_{04} [w]$	1.1	$\Theta_{2,3,4} [0, w]$	1.1-15 etc.
	$B(x)$	1.1	$1 - \Theta_{04} [x/\pi]$	1.1-32, 1.1-33
21.79	$K \{q\}$	1.1	direkt	
21.81	$\Theta_{1,2,3,4} (x \mid m)$	1.1	direkt	1.1-1 etc.
	$\Theta_{1,2,3,4} \langle x, \gamma \rangle$	1.1	$\Theta_{1,2,3,4} (x \mid \sin^2 \gamma)$	
	$\Theta_{1,2,3,4} \{x, q\}$	1.1	direkt	
21.82	$\vartheta_{s,c,d,n} (u \mid m)$	1.3	direkt	1.3-1 etc.
	$\vartheta_{s,c,d,n} \langle u, \gamma \rangle$	1.3	$\vartheta_{s,c,d,n} (u \mid \sin^2 \gamma)$	
	$\vartheta_{s,c,d,n} \{u, q\}$	1.2	direkt	
21.89	$\Theta_{1,2,3,4} [x, w]$	1.1	direkt	1.1-16 etc., 1.1-34, 1.1-35
	$\vartheta_{s,c,d,n} [u, w]$	1.2	direkt	1.2-1 etc.